青少年必读

伊甸园里的动物们

吕青 主编

河南科学技术出版社
·郑州·

图书在版编目(CIP)数据

伊甸园里的动物们／吕青主编. —郑州：河南科学技术出版社，2013.9

（青少年必读）

ISBN 978-7-5349-6206-6

Ⅰ.①伊… Ⅱ.①吕… Ⅲ.①动物-青年读物②动物-少年读物 Ⅳ.①Q95-49

中国版本图书馆 CIP 数据核字(2013)第155824号

出版发行:河南科学技术出版社

地址:郑州市经五路66号　　邮编:450002

电话:(0371)65788613　　65788139

网址:www.hnstp.cn

策划编辑:孙　珺

责任编辑:张　翼

责任校对:柯　姣

封面设计:嫁衣工舍

版式设计:中图传媒

责任印制:张　巍

印　　刷:北京嘉业印刷厂

经　　销:全国新华书店

幅面尺寸:787 mm×1092 mm　1/16　　印张:12　　字数:200千字

版　　次:2013年9月第1版　　2013年9月第1次印刷

定　　价:20.00元

目　录

昆虫的色彩之谜

花丛中翩舞的蝴蝶、绿叶上爬行的甲虫，那斑斓艳丽的色彩，实在逗人喜爱。可是你知道昆虫华丽的衣裳是怎样织成的吗？昆虫学家按照它们的色源，把丰富多彩的昆虫颜色分成色素色和结构色。

昆虫的色彩

色素色，亦称化学色，它显色的主要原因是由于昆虫体内含有多种奇形怪状的色素细胞，在这些细胞中藏满了颜色的物质，如黄色素、黑色素等。这些物质可以吸收某种光波，反射其他光波，不同的光波交织在一起就形成了各种奇丽的颜色。常见的害虫菜粉蝶翅膀上的白色，就是由一种被称为尿酸物质的存在造成的。色素色的化学性质很不稳定，容易发生氧化和还原等化学作用而逐渐褪色，甚至完全消失。用蝴蝶做的书签，时间一久便黯然失色就是这个原因。

那么，什么叫结构色呢？结构色，又叫物理色。这种颜色是由于昆虫表皮的特殊构造，使照射在它们表面上的光线不断地发生反射、干涉或曲折等物理现象，从而产生了一种闪耀的色彩。我们熟悉的铜绿金龟子，它的鞘翅表面具有许多微小的脊纹，当光线照在上面的时候，就闪出美丽的铜绿光泽，脊纹越多，产生的闪光越强，色泽也越鲜艳。结构色在不同光线入射角和不同的光源下，还会产生不同的色彩。例如，某种小灰蝶在灯光下它的翅面呈蓝色，可是在阳光照耀下侧看，如视角小，它的翅面出现蓝紫色，如视角大，则又显出翠蓝色。这时在灰蝶翅面上滴上乙醇，那么原来的翠蓝色就转变为亮绿色，等乙醇蒸发完后，又恢复原来的翠蓝色。显然，结构色的化学性质比色素色稳定，即使用沸水或者漂白粉冲洗也不会使颜色消失。

但事实上，绝大多数昆虫的色彩是由色素色和结构色相互配合而成的混合色，它们使昆虫的颜色千变万化，更加鲜艳。比如，有种闪紫蝶，当你正视时呈现黄褐色，侧视又显出蓝紫色，前者是色素色，而后者则是结构色。

昆虫的颜色与它们的生活是相适应的，根据它们色彩的生物学意义，可分为保护色和警戒色。

保护色是昆虫同周围生活环境相协调的体色，它使别种动物不易发现，对自身起一种躲避敌害的保护作用。如栖息在树干上的夜蛾多半体色灰暗，潜伏在泥土中的蝼蛄则呈黑褐色。就是同一种昆虫，也会随生活环境的不同而出现不同的体色。如生活在青草中的蚱蜢为绿色，生活在枯草中的蚱蜢则又是褐色的了。我们在西天目山考察中还发现，即使在同一株竹子上的竹节虫，竹叶上的呈翠绿色，而竹竿上的呈黄褐色。昆虫的体色同周围的环境配合得如此巧妙，有时简直叫人难以辨识。

昆虫的保护色是在生物界相生相克的生存斗争中，经过极其漫长的变异和无意识的自然选择而形成的。进化论的奠基者、英国博物学家达尔文认为：生物在外界条件的影响下发生变异，有利于生存的变异，逐代累积加强，不利于生存的变异逐渐被淘汰。事实也是这样，比如，产于我国长江流域的大枯叶蝶，它全身的颜色与干枯的树叶极为相似，当它休息时两翅合拢竖立在树枝上，好像一片枯叶。然而，它们的老祖宗并不完全相同，有的体色不像枯叶，有的不大像。像枯叶的个体，不易被天敌发现，能够躲避敌害侵袭，不大像枯叶的个体常被天敌吃掉，渐渐地被淘汰。经过长期变异的自然选择，枯叶蝶的体色就更像枯叶了。

但是，在昆虫世界中，有的昆虫体表具有特别鲜明的色彩，以触目惊心的颜色，给敌害显示“警告”，这种颜色称为警戒色。科学家们认为，大部分具有警戒色的昆虫，如某些蝶、蛾、甲虫等，具有一套从有毒植物中分离或贮藏毒素的本领。像非洲的桦斑蝶，在它的组织内贮有一种心脏病毒素，甘蓝褐灯蛾还能分泌乙酰胆碱。如果鸟类吞食了它们之后，轻则引起呕吐，重则使心脏停搏而死亡，从而使鸟儿望而生畏，即使在非常饥饿的情况下，也不敢轻举妄动。耐人寻味的是，有的蝴蝶它们本身并没有毒素，但是它们的体色甚至外形也和含有毒素的蝴蝶一模一样，以致鸟类真假难分，不敢贸然取食。昆虫这种体色拟态现象巧妙地迷惑和吓唬了敌害，有效地保存了自己。有人做了这样一个调查，在 933 个雨蛙胃中发现了 11 585 个昆虫，而其中具有警戒色的昆虫还不到 20 个。说明警戒色同样起到了昆虫自卫的作用。

然而，警戒色和保护色正像色素色和结构色一样，也不是绝对分开的。有些昆虫的保护色和警戒色往往同时存在。就拿我们很熟悉的绿色尖头蚱蜢来说吧，它有一对草绿色的前翅和一对樱红色的后翅，前者为保护色，后者是警戒色。当它欢跃在草丛中的时候，前翅覆盖在后翅上，使周身颜色如同青草；当它受到敌害袭击时，突然张开前翅，展现出颜色鲜明的后翅，这种突然出现的颜色往往能把袭击的敌人吓跑。

总之，昆虫体色的种种适应状，是在自然界长期生存竞争中逐渐取得的特征。这种特征使昆虫更有利于适应外界环境，也是昆虫种类成为整个动物界中任何一类动物都不能相比的原因之一。

美丽动人的昆虫“求爱术”

热恋中的青年男女，一句话、一个手势，甚至一个眼神，往往蕴藏着丰富的情感。可是，在广阔无际的自然界，那些纤小的昆虫是怎样寻求配偶、怎样倾诉钟情的呢？这，你不必替它们担心，昆虫自有“求爱术”。

蝉

清秋，夜幕低垂的乡村郊野，流萤飞舞，发出美丽的光彩，有淡黄的，有浅蓝的，也有橘红的。人们熟悉的萤火虫就是通过这种闪光的“语言”，来寻找配偶，表达爱情的。

在萤火虫的腹部末端藏着

一个手电筒似的发光器，由透明层、发光层和反射层组成。透明层在发光层之前，就像手电筒上的玻璃面；反射层在发光层之后，相当于反射镜；发光层内有几千个发光细胞，它们含有荧光素和荧光酶等发光物质。当氧气沿虫体的呼吸气管进入发光细胞后，在荧光酶的催化下，荧光素与氧气就发生了一种复杂的化学反应，这个反应过程所产生的能量，以一种缺乏红外线的“冷光”——荧光的形式，通过透明层反射出来。萤火虫的呼吸节奏，控制了对发光细胞的氧气供应量，使尾巴上的“活灯笼”，形成了忽明忽暗的“闪光语言”。

一般来说，雄萤飞翔能力强，雌萤躯体肥胖、动作不便，翅膀也不如雄萤发达，有的甚至退化了，只能在草丛中爬行。夜色降临，雌萤从隐蔽处爬上高高的草叶，发出荧光招引雄萤。科学家们发现，雌萤往往比雄萤所发出的荧光亮数十倍，而雄萤的视力是雌萤所望尘莫及的。如英国的提灯萤，雌萤的复眼只有300只左右的小眼，而雄萤的小眼至少有2000只。当然，每种萤火虫都具有自己特有的求爱信号，以避免找错对象。由于各种萤火虫所含的荧光素和荧光酶不尽相同，所以发出的光色也丰富多彩。可是，产于北美洲的一些雌萤，它们的荧光并没有颜色的区别，而雄萤仍然能识别自己所追求的情侣，这全靠了闪光频率的差异。菲律宾民答那峨岛上的萤火虫，常数以千计以相同的节律一同闪光，因而能招引远处更多的异性。

在萤火虫的求爱中，也会出现“悲剧”。美国有一种雌萤，能模仿另一种与它外貌相似的雌萤的闪光，被引诱的雄萤一旦与它相会，就会被它吞食，成为美餐。

除了萤火虫具有这种“闪光语言”外，有些蛾类也有类似的“闪光语言”。如有种雌飞蛾能放射出人眼看不见的红外线，使自己胸部的温度较周围环境高出10℃左右。雄蛾凭着头上两根天线般的触角在冷冷的夜空中，搜寻这些不寻常的“热点”，能从5公里（1公里=1千米）外赶来，向雌蛾求婚。

在昆虫王国中，有不少雄性公民能“唱”出优美动听的“情歌”，以赢得雌虫的爱情。雄虫们演唱的方式五花八门，蚱蜢用后腿摩擦发声、蟋蟀用翅膀相互摩擦发声、蝉用腹下薄膜发声、蝗虫用腿摩擦紧绷着的翅膀发声。昆虫鸣声的机制可分为两大类：摩擦发声和振动发声。

蟋蟀是靠翅膀互相摩擦而发声的。在蟋蟀上翅基部的下表面，有一条带齿的横脉，形似小锉而被称为“音锉”；下翅的上表面，恰巧在音锉的下方，长着一种尖尖的“摩擦缘”。当两翅升起抖动时，引起摩擦缘摩擦音锉，于是产生出清亮的声音，使雌蟋蟀循声而来。一般雄蟋蟀的鸣声可以吸引 10 米以内的雌蟋蟀。欧洲有一种雄蟋蟀所发出的声波竟能传出近两公里。

蟋　蟀

人们对雌蚊振翅发出的尖啸声向来感到厌烦，但这种声音对雄蚊来说，却是一种亲切的呼唤，它能把雄蚊引诱至雌蚊身边。而未成熟的雌蚊则发出另一种音调的振翅声，这种音调对雄蚊则毫无吸引力。用振翅发声来寻求配偶在蝇类中也很普遍。

蝉也是昆虫世界出色的歌手，而会唱歌的只有雄蝉。蝉的发声器生在腹部第一节两侧，是两片有皱折、且有弹性的薄膜，叫“声鼓”，它与里面能迅速收缩的“声肌”相连接，外面还有起保护作用的盖板，叫“腹瓣”，腹瓣与声鼓之间有一空腔，能起共鸣作用。因此，蝉的鸣声听起来显得特别集中、洪亮，它短短的一生中，就是用这种“歌喉”不知疲倦地唱着情歌，寻求它的伴侣。最近，一些科学家曾利用先进的声音摄谱仪研究了北美蝉的鸣声，这种仪器可以把声音信号转化为图像，从而有助于对声音进行精确的测量和分析。经研究发现，北美蝉能用不同的声调唱出两支不同的歌，一支是平时为了招引同伴，另一支是在求爱时对雌蝉唱的情歌。随着雄蝉动听的情歌，一生沉默不语的雌蝉会被招引过来，与雄蝉停歇在同一树枝上，如果两相情愿，情投意合，就结为恩爱夫妻。

昆虫的情歌，并非人们想象的那样单调无味，事实上，它们的歌声也有抑有扬，富有情感。比如，有种生息在美国南方各州的绿色小昆虫，雄虫在求偶的时候，会唱出三部曲：一是寻友歌，类似蛙叫而有节奏；二是约会歌，短促而颤抖；三是婚礼进行曲，类似狗的哼鼻声。有些雌虫也会唱着这三部曲，主动向雄虫求爱。

气味的魅力是昆虫求爱最妙的一招，它们用气味来传递情书。大多数雌虫体内含有特殊的腺体，能分泌一种化学物质，叫“性引诱素”。这种性引诱素具有特定的气味，随着空气的流动，迅速地向四周环境扩散。这样在雌雄昆虫之间就形成了奇妙的联络暗号。我国云南大理的蝴蝶泉边，每年5月中旬，有数不清的蝴蝶聚会求偶，形成了绚丽多彩的“蝶虹”。原来，就是因为由雌蝶腹部末端分泌出的性引诱素，吸引了四面八方的雄蝶前来约会。

雌虫分泌的性引诱素量很少，但吸引力令人吃惊。有一种蚕蛾分泌的性引诱素不过1微克，但足以吸引100万只雄蛾赶来幽会。

人们根据昆虫用性引诱素诱引异性的求爱方式，人工合成了性引诱剂，大量诱杀农业害虫。也可以将性引诱剂洒在田间，扰乱雄虫，使它们找不到配偶，无法交配，从而断子绝孙。

目前，人们已经发现约有250余种昆虫具有性引诱素，有80多种已经能分离提纯，并阐明了化学结构式，其中有近30种性引诱素可以人工合成。对昆虫性诱素的深入研究，为虫情侦察、害虫防治工作开辟了新途径。

鸵鸟真的胆小吗

多年来，人们总是将鸵鸟称为胆小的动物，因为它遇到危险时总是把头颈平贴在地上，然后钻进沙里“掩耳盗铃”。

其实，这种看法是不科学的。鸟类学家发现，鸵鸟栖息在非洲热带沙漠草原地区，那里气候炎热，阳光强烈，鸵鸟发现敌害后，虽然可以拔腿快逃，可是，在干燥的环境下奔跑对自己是很不利的。因此，鸵鸟便将长脖子平贴于地面，身体蜷曲成一团，凭借自己暗褐色的羽毛伪装成岩石或灌木丛，加上雾气的掩护，就不易被敌害发现。尤其是未成年的鸵鸟，常用这种方式逃生。如果此举难以奏效，它们便会在敌害出现时一跃而起，迅速逃离。

鸵鸟的翅膀在进化过程中，逐渐失去了最原始的作用——飞翔。虽然不能飞了，但它跑得却很快。鸵鸟身高达2.75米，其步幅可达3米，每小时可跑70公里，远远超过狮子的最大速度（每小时60公里）。

鸵鸟蛋乃是蛋中之王，大约重1.35公斤，相当于25～30个鸡蛋的大小。鸵鸟蛋一样可以吃，但是要有耐心，因为要煮熟它，至少需要两小时！

鸵　鸟

经过39～42天的孵化后，小鸵鸟便可从蛋壳中爬出。看管小鸵鸟的任务主要由鸵鸟爸爸承担。除此之外鸵鸟爸爸还要为小鸵鸟觅食，对它们进行“培训”，而鸵鸟妈妈则负责保护自己的子女。

科学家格日梅克亲眼看见了这样的情景：一只公鸵鸟领着8只小鸵鸟及在旁边观察周围动静的母鸵鸟。突然间，一只鬣狗向小鸵鸟们发动袭击。公鸵鸟马上领着孩子躲到安全的地方，而母鸵鸟则英勇无比地迎了上去，用脚扑、用嘴啄，鬣狗招架不住，只得连连后退，母鸵鸟也不停“手”，一直追了有大约1公里远。

如今，鸵鸟的羽毛主要用来作连衣裙、扇子、帽子和戏剧服装的装饰品。

看来，缩头缩脑的鸵鸟还真够大胆，紧要关头，不但毫不畏惧，反而能迎面而上。或许这就是父母之爱的伟大力量吧。

希腊毒蛇“朝圣”之谜

世界上虔诚的教徒千千万，有谁听过毒蛇也朝圣，且坚定执著之心丝毫不逊于人类呢？

传说在很久以前，希腊有一个美丽的小岛，人们安居乐业，过着自由自在的生活。突然有一天祸从天降，一帮强盗突然袭击了这个岛，并不怀好意地将年轻漂亮的修女关押起来。圣母显然明白这帮强盗的歹意，为使贞洁的修女们免遭强暴，于是就把她们都变成了毒蛇。

毒 蛇

眼看着美女变成了毒蛇，强盗吓得落荒而逃，可是毒蛇却再也不能变回美貌的女子了。为了报答圣母的恩德，它们每年在希腊人纪念上帝和圣母的日子里，都会不约而同地到这个小岛朝圣。它们从居住地爬出来，一直爬到这个小岛上的两座教堂，最后停靠在教堂的圣像下面。像是受谁指挥似的，在这里盘结 10 多天后，才渐渐离去。

这种毒蛇带有剧毒，被它咬了，毒性会扩散至全身致死，但它们却似乎颇通人性，世代与小岛居民和平共处，从不伤害这里的居民。岛上的居民也敢触摸它们或将它们缠绕于身上，据说这样可以驱邪治病，保佑岁岁平安。

自始至终让人百思不得其解的是毒蛇朝圣的日子，为什么都选在希腊的重要节日，而它们又是怎么知道纪念上帝和圣母的日子的呢？难道教堂会在这几日发出吸引它们的特殊气味引诱它们前来？更奇怪的是来朝圣的毒蛇头上，都有一个跟十字架极为相似的标记，难道它们会发出同类能识别的声音，让同类成群结伴都来此朝圣？这种朝圣现象据说已持续了 100 多年，毒蛇也会言传身教，教育自己的后代继续去朝圣吗？

对这一奇怪的现象，人们议论纷纷。或许这就是此种毒蛇的一种生理本能的表现。我们期待着动物学家们给我们一个令人信服的解释。

蝴蝶为什么要迁飞

蝴蝶漂洋过海时总是成群结队、浩浩荡荡。它们为何要兴师动众地进行如此庞大的迁移工程呢？

蝴 蝶

有昆虫学家认为，昆虫迁飞是为了逃避不良的环境条件，此乃物种生存的一种本能行为。它与遗传和环境条件有关。与此同时，他们提出两种假说。

第一种认为：迁飞就是昆虫对当时不良环境条件的直接反应，如食物缺乏、天气干旱、繁殖过盛等等。如大菜粉蝶，如果它寄生的植物不能为它提供美味可口的食物来源，它就会迁飞，去寻找适合自己的。相反，如果它寄生的植物已能满足它的需要，它就不用迁飞了。

第二种认为：某些环境条件的变化，会影响到昆虫的个体发育，致使昆虫发育成为一种迁飞型的成虫。它们往往在形态、生理状况和行为方面与居留型成虫有明显的不同。光照周期、温度、种群密度、食物条件的不同，都可能使成虫在生理和飞行能力上产生明显的分化。

但以上两种假说，并不能完全解释众多种蝴蝶迁飞的现象。如美洲的大斑蝶，每当冬天来临之前，它们就纷纷结群，从寒冷的加拿大出发，飞到墨西哥的马德雷山区过冬。来年春天，它们又成群结队地飞回北方。每当蝴蝶迁飞时，蝶群如行云一般，遮天蔽日。有人曾测算过迁飞的蝴蝶数量，约有300多亿只。且个个目标明确，直飞目的地，从不开小差。它们每年定期在固定的两地之间迁飞，不会错走他乡。科学家目前仍觉不可思议。

弱不禁风的小小蝴蝶，为什么具有飞越崇山峻岭、漂洋过海的巨大能量？这股能量是从哪里来的呢？从动力学角度来看，蝴蝶是飞不了那么远的。

苏联科学家米哈伊洛夫娜和斯维塞尼戈夫认为，蝴蝶迁飞时使用了先进而节能的“喷气发动机原理”。某种粉蝶在飞行中有1/3的时间翅膀是贴合在一起的，它们巧妙地利用自己翅膀的张合，使前面一对翅膀形成一个空气收集器，后面一对翅膀形成一个漏斗状的喷气通道。在每次扇动翅膀时，喷气通道的大小、进气出气口的形状及长度，还有收缩程度都有序地变化着。两翅间的空气由于翅膀连续不断地扇动而被从前向后挤压出去，形成一股喷气气流。一部分喷气气流的能量用来维持飞行的高度，另一部分所产生的水平推力则可用来加速。蝴蝶就是用这种“喷气发动机原理”来漂洋过海的。但它们又是如何操纵这个“喷气通道”的呢？

蜜蜂发声和蜇人身亡之谜

在孩子们欢快的儿歌中，蜜蜂素有勤劳、乐观之美誉。然而有谁知道，蜜蜂在采集花粉的时候为什么一定要唱歌呢？不唱不行吗？

蜜　蜂

研究者发现，蜜蜂在给花授粉时，常常夹紧翅膀，并发出嗡嗡的声音，频率在300～400赫兹之间，远比它们平常飞行时发出的嗡嗡声的频率要高。通常蜜蜂飞行时发出的声音频率在175～200赫兹之间，而授粉时的高频率嗡嗡声，能使花朵中的花粉散发出来形成花粉尘雾，其中有一部分花粉就会很自然地落到蜜蜂身上。英国剑桥大学的赛利·考伯特和他的同事们指明，这种收集花粉的方式是经过“精心设计”的。考伯特发现，蜜蜂特别喜欢那些花粉干燥成粉状的花朵。尤其在温度较高、湿度不大的环境下对花朵的光顾更为频繁。因为在这种情况中，蜜蜂发出的嗡嗡声会令更多的花粉落在自己身上。但是现在，人们还不知道蜜蜂用声波授粉的许多细节究竟是怎样的。

与此同时，蜜蜂也有可怕的一面。

蜜蜂不喜欢黑色的东西和酒、葱、蒜等特殊气味，所以当养蜂人管理蜂群时假使穿着黑色衣服，身上带有酒、葱、蒜等特殊气味时，就有被蜇的危险。蜜蜂和其他许多生物一样都有自卫的本能，如果我们去扑打它，也有被蜇的可能。

蜜蜂蜇人后往往自己也会随即死去。原来，蜜蜂是用腹部末端的刺针蜇人的。刺针由一根背刺针和两根腹刺针组成，后面连着大、小毒腺和内脏器官，在其腹部刺针尖端有很多小倒钩，当蜜蜂刺针螫入人体的皮肤以后，再拔出刺针时，由于小倒钩牢固地钩住了皮肤，所以刺针连同一部分内脏也一起被拉了出来，这样，蜜蜂当然会死去，所以蜜蜂在迫不得已的时候才会蜇人。但当蜜蜂蜇到那种身上覆盖着硬质表皮的昆虫时，它可以从破口中拔回刺针，而使自己免于一死。

快乐也是蜜蜂，无奈也是蜜蜂，什么时候蜜蜂能终日都无忧无虑？什么时候蜜蜂能变得不再那么复杂呢？

海豹与海象走路之谜

海象和大部分海豹适应了在寒冷海水中游泳的生活之后，在陆地上就显得行动不便了，但它们与水獭、熊都是同宗的近亲。一般认为现代海豹是从3000多万年前的陆生动物演化而来的。鱼雷似的流线型身体、四肢已变成鳍状肢，都是适应游泳生活的显著变化。海豹属鳍脚目。鳍脚这个学名，就是从鳍状肢得来的。所有鳍脚目动物必须回到陆上换毛和生产。

鳍脚目动物有32种，由于耳和鳍状肢的不同，可分为三科。第一科是海豹科。海豹只有残耳，极能适应水中生活。指向后方的鳍状后肢，在陆上毫无用处。第二科是狗科，因此海狗和海狮同类。鳍状后肢较为灵活，可在陆上走动，速度追得及行人。第三科只有一种动物，就是海象，海象也只有残耳，鳍状后肢能转向前。嗜冰海豹是海豹中最小的一种。它是遥远北方最常见的海豹。雌雄嗜冰海豹的大小不相上下，一般长5.5英尺（1英尺=0.3048米），体重200磅。嗜冰海豹很少成群出现，也很少做长途迁徙，靠捕食甲壳动物和小鱼维生，居住在坚冰长年不解冻的地方。

海　象

另一方面，鞍背海豹则繁殖成群。圣罗凌斯湾有150多万只，拉布拉多海岸外有100万只。它们在2、3月间移徙，通常在大块浮冰上繁殖。成年的鞍背海豹约重400磅，约长6英尺。

须海豹因颌下有浓须而得名。它们也是生活在海岸附近浮冰的边缘上。平常喜欢独处，但在繁殖季节有时可能有多达50只聚居一起。

冠海豹的特征是长有一个头兜，从眼部上面开始向下直到鼻口部。冠海豹又名袋鼻海豹，因它的一种特别习性而得名。它一生下来，就鼓起鼻袋，头兜膨胀，像个红气球。冠海豹性喜独处，只有移往繁殖地时才群居，与鞍背海豹分享同一繁殖地。冠海豹是北极区最大的海豹，体重约900磅，身长可达10英尺半。

绶带海豹又名带海豹，大小与嗜冰海豹不相上下，只在北太平洋区出没，通常独处，冬天随冰南下，夏天回到北方。幼绶带海豹据说是在浮冰上出生的。

世界上只有一种海象，但分为两族，一族生活在太平洋，另一族则生活在大西洋。太平洋海象较大，鼻孔在鼻口部的位置最高。两族海象的习性差不多完全相同。

两族海象皮下那层约有两寸半厚的脂肪占体重1/3。脂肪上面那层皮，有两寸半厚。因此海象冬天不怕严寒，散发体热也不成问题。大热天，海象晒太阳时，表皮血管鼓胀散发体热，全身变为深玫瑰红色。

雄海象身长可达约21英尺，体重可达数百磅。雌海象约短两英尺，体重约为100多磅。

雌雄海象都长有长牙，不过雌海象的牙较雄海象的略短。长牙只是特别发达的大齿，海象寿命约30年，长牙终生不断生长。海象周岁时，牙长不过一寸。雄海象成年后，牙长有时可达1米。海象只能在某种生活环境中生存。它们潜水的耐力不过20分钟，所以只能在水面下80多米的范围内觅食。可供食用的水生贝壳动物一定要丰富，因为海象群集起来，每群数以千计，而每只海象一天可吃蛤3000只。浮冰或容易到达的海滩也是海象生活不可或缺的，因为海象有时要攀上去休息。

雌海象5岁成年，雄海象6岁成年。雌海象怀孕期几达一年。夏天，海象移徙到北方换毛时，幼海象在冰上出生。幼海象出生时约长4英尺，约重100磅，出生后头三个星期，因为御寒机能还未充分发育，要依靠其母呵护，才不致冻死。幼海象几乎无时不抱着母亲，即使其母潜入深水时也不例外。海象成年后，极能适应冰上和海中生活。它的鳍状后肢极为发达，善于游泳。它用长牙翻掘水生贝壳动物，或用强有力的唇把水生贝壳动物从石块上剥下来。海象有硕大的躯体和强力的长牙，除了饥肠辘辘的逆鲸或北极熊偶尔会向它发动袭击以外，食肉动物都对它避而远之。

鸟类是如何迁徙的

鸟类迁徙时，或三五成群、掠过长空，或集团出动、遮天蔽日。在德拉维尔湾海岸方圆数百平方米的暂栖地内，聚集在一起的鸟儿光一个种类就有10万只之多。春天，当它们来到筑巢地，大群的鸟儿分散，每对配偶选择一个筑巢点。凭窗远眺，望见筑在苹果树上的鸟巢，人们不由得会想：去年在那棵树上筑巢的，也是同一群鸟儿吗？思索着它们飞了多么远的距离，又多么轻而易举地越过陆地与海洋，找到自己的路，岂能不惊叹有加。它们是怎样迁徙的呢？

在公元前2000年镌刻的埃及浮雕上，我们可以看到人类对鸟类迁徙的惊叹。纵然不提绵延几千年的观察，人们设法理解鸟类为何、又如何迁徙，也是由来已久的事了。第一个论述鸟类迁徙问题的是公元前4世纪的古希腊哲学家亚里士多德，可惜他的观点不太对头。他指出某几种鸟是迁徙性的，这没有错；但他断言那几种鸟在迁徙的路上变成了别种鸟儿，这就把事情给完全搞混了。变形的概念，比如知更鸟变成红尾鸲再变回来，在16世纪以前曾广为流传。那不过证明了，只要你的名气足够响，连你最糟糕的错误也能赖在书本上享受虚名。我们可以揣测亚里士多德是怎么会搞错

鸟的迁徙

的。知更鸟夏天在北欧，冬天在希腊；红尾鸲夏天在希腊，冬天在下撒哈拉非洲。在亚里士多德眼里，两者的大小和颜色十分相近，所以就猜想知更鸟和红尾鸲是一种鸟两种打扮，是毛虫变蝴蝶在鸟类中的翻版。

到16世纪，欧洲探险家进行环球航行，欧洲人在美洲定居下来。在人们拓宽了的眼界下，亚里士多德观点的错误就暴露了。可是又发生了新的争论，博物学家相信，类似于上述的鸟可往返于很长的距离之间，有些甚至从一个洲到另外一个洲，这听起来有点儿不可思议。博物学家无法解释，轻盈如鸣禽，才百把克重，怎能飞越即便人类也才刚开始征服的距离。于是另一些理论家提出了完全不同的见解：鸟儿根本没有迁徙，它们在原地销声匿迹，是因为冬眠了。既然像熊这么大的动物能冬眠，小小的鸟儿当然更容易冬眠。这一理论的支持者也难找到证据。鸟儿如果冬眠的话，是在哪儿冬眠？为什么没人看见它们冬天的藏身之处？

人们后来发现，鸟儿冬眠的事确实有，但十分罕见。加利福尼亚沙漠地区纳托尔的蚊母鸟就是其中一例。还有其他一些鸟，尤其是猫头鹰科的，既不冬眠也不迁徙。例如，条纹猫头鹰和大角猫头鹰一年四季生活在同一地区。最小的猫头鹰是美国西部的精灵猫头鹰，身长仅15.2厘米，会迁徙到墨西哥，因为它们的食物是昆虫，不是小型哺乳动物，而在冬天的几个月里没法找到昆虫。

造成鸟类迁徙的是食物匮乏，而不是季节寒冷本身。鸟儿无暇找寻宜人的气候，它们需要觅求果腹之地。觅食的冲动能把它们赶上迢迢旅程，那是连生活在如今大型喷气客机时代的人类也未免望而生畏的。北极燕鸥

每年迁徙时从位于北极圈的筑巢地经欧洲和非洲的海岸南下至南极地区。食米鸟由加拿大到巴西南部、阿根廷和乌拉圭的草原，行程 8045 公里。有些鸟在迁徙中飞到了不可思议的高度，纹头雁以 8991.6 米的高度飞越喜马拉雅山。还有些鸟作长距离不着陆飞行，那当中的时差适应，人类得花上一个月才能恢复。黑顶白颊林莺在秋天从马萨诸塞海岸起飞，36 小时后到达大西洋上某处，赶着西印度群岛的贸易风，飞抵南美洲海岸。这是一次为期 4 天的不着陆飞行。

19 世纪中叶，搜集珍禽在富裕的欧洲和美洲趋于流行，鸟类迁徙的全部惊人内幕亦随之被揭晓。猎鸟者被派遣去深山密林，射杀珍稀鸟类，就地剥制成标本。珍稀鸟类的羽毛成了夫人小姐帽子上时髦的装饰，弄得许多大型鸟类差不多要绝种。这反过来又激发了最早的爱鸟护鸟活动。成立于 1905 年的奥杜邦协会率先倡导护鸟，西奥多·罗斯福于 1907 年在鹈鹕岛创建了第一个国家鸟类自然保护区。

在 19 世纪，对鸟类的了解大抵出于兴趣，但相关的科学探讨也有一定发展，其中主要的是 1827—1838 年约翰·詹姆士·奥杜邦精美的出版物《美洲鸟类》。奥杜邦先生对自然生活环境中的各种鸟类进行观察，把它们绘成图画。这些画具有极高的艺术与科学价值。《物种起源》出版于 1858 年，其作者查尔斯·达尔文随“贝格尔号”进行为期 5 年的环球考察时，深受奥杜邦鸟类研究的影响。从许多方面看，达尔文的进化论反而使鸟类迁徙现象更加神秘难解。如果鸟类在分隔开的各地区进化成新种，为什么还有些鸟飞这么远，去寻找冬天的觅食之地呢？

看来事情往往是，博物学家对鸟类了解得越多，有关鸟类的知识就越令人困惑。使科学家怔住的不仅仅是鸟类那令人难以置信的飞行距离，更让他们为难的是不同种类的鸟还有不同的迁徙方式。例如，大多数种类的鸟会飞离径直的航线，以免在开阔的水域上空长时间地飞行。这好像很合乎逻辑，因为陆地生活的鸟在开阔水域上没地方可以歇脚或觅食。可是为什么有些鸟偏偏要进行这样艰难的飞行呢？黑顶白颊林莺怎么会接连四天在海上进行不着陆飞行？更叫人困惑不解的是，红喉蜂鸟要吃大量的食物方能维持两翼极其快速的拍动，为什么能从美国南部到尤卡坦半岛再回来，进行跨越墨西哥湾的长途飞行呢？按理说在所有各类鸟中，它们最有条件绕道靠近陆地飞行，免得飞行 8045 公里，越过墨西哥湾。

像这样一些叫人费解的问题，使许多专家怀疑自己究竟是不是真的了解鸟类迁徙之谜。在20世纪的头几十年中，确定鸟类迁徙方式的工作有了一些进展，因为在鸟类筑巢地给鸟腿加箍带或环的做法得到了普及。另外，全球的鸟类观察爱好者见到带箍的鸟儿时愿意报告消息。在他们的帮助下，科学家绘制出了复杂的鸟类行程地图，关于鸟类迁徙的位置和时间问题因此有了详细解答。仍然让人捉摸不透的是迁徙的机制问题。

人们已经搞清大多数种类的鸟不是拖家带口迁徙。在大部分情况下，雄鸟比雌鸟和刚会飞的幼鸟先离开夏季筑巢地。雄性的红喉蜂鸟早在七月底便动身回墨西哥，而同种的雌鸟和幼鸟要在美国待到十月份。另一方面，三种天鹅，包括小身材的冻土带天鹅和大得多的号手天鹅（两者都是北美的鸟类），却是举家从阿拉斯加和加拿大的筑巢地，迁徙到美国境内的冬季觅食地。天鹅合家迁徙的原因在于它们成熟得比大多数鸟类慢，幼鸟需要得到一切可能的帮助，才不至于在迁徙途中迷路。

以上解释本身又引起一个更加复杂的问题：为什么有些鸟儿好像对迁徙路线有天生的感觉，而另一些鸟类似乎更加依赖父母的引导？不同类别鸟儿之间的这种差别，蕴涵着一个令人不快的答案：不同的鸟有不同的导航系统。果然如此的话（其实有很多人同意这一点），要真正理解鸟类的迁徙便不止是拿出一套理论，满足于给鸟类迁徙提供一个大体说得过去的解释，而要审视范围广阔的一系列导航模式。

从20世纪70年代起，科学家就提出了种种导航系统。可能因为飞翔实验太复杂，研究人员几乎总是专注于问题的个别方面，于是形形色色相互争执的理论应运而生。

所有研究人员都同意一个基本的观点：鸟类跟哺乳动物一样，受昼夜节律支配。鸟和人类都有内部时钟，与地球24小时的自转相协调。这种协调在鸟儿身上可能比在人身上还要强。在人为控制的环境中突然变换日照时数，鸟儿得花两三天时间才能适应过来，而且在此期间，它们的习惯及睡眠周期会受到少许妨碍。经过调整之后，它们的内部时钟又趋于稳定，并按24小时的周期运转，不管外界刺激怎样。

人们普遍相信，存在精确的内部时钟对于鸟类的迁徙至关重要。在地球每天的自转中，一个地理位置每小时转过经线15°（15°×24小时=360°）。若计时出现错误，每误差一秒钟，会偏出航向29.6公里。显然，凭昼夜节律本身还不可能理解，鸟儿在飞翔了成百上千公里后，回到同一筑巢地时为何会有分毫不差的精确性。

另一个明显的导航因素是敏锐的飞翔视力。你走进自家院落时也许会惊讶地发现，一只蓝瘠鸟不知从哪儿飞扑下来，抓起你脚下的一只田鼠，你甚至都来不及反应过来。类似这样的经历生动地证明了大多数鸟儿的眼力非常好。“鸟瞰”一词则提示了鸟类在迁徙中眼力非凡的另一侧面。不少专家推测，卫星照片上揭示的地面细节哪怕再出色，也没有鸟儿在飞翔中看见的那么精确。

不过把飞翔视力看得太重要也有问题。很清楚，鸟儿运用极精确的视力猎取食物和在巢区内导航。但很少有证据表明，地面标志在长距离飞行中起着特别重要的作用。要在这种地方做实验是很难控制条件的，已经做过的研究使人怀疑视觉标志在迁徙中没有起多大作用。假如由于地震、洪水、森林火灾或人为破坏，景观突然改变，那么在长途飞行中倚重视觉线索只能造成困扰，不会有别的结果。

要是陆地标志不那么重要，空中标志又如何？太阳或星星的位置在迁徙中起什么作用？有证据表明鸟儿像人一样，不能直视太阳。鸽子在飞翔时能利用自身在地面上的投影，已成为定论。1968 年，鸟类研究的首要权威杰弗里·马修建立了一个理论模型，描述鸟类利用所谓“太阳罗盘”的能力。这一模型要求鸟儿能够计算让一般高中生发怵的角和平面，但这不是没有可能。自然界中普遍存在着本能的数学天赋，从蜜蜂筑巢，到海獭筑坝。另一引人注目的理论是 J·D·佩蒂格鲁提出的：鸟儿眼睛里的梳膜起到了像小日晷指针那样的作用，它在眼球后部的投影可被用于帮助导航。

这些理论就算能够证实，也还会留给我们许多解答不了的问题。很多鸟儿迁徙时喜欢在夜间飞行，还有些鸟儿昼夜不停地飞，表明有不少种类的鸟能利用星星来确定方向。从 20 世纪 40 年代起，人们围绕着这种可能性进行了若干实验。一个有名的例子是，斯蒂芬·埃姆伦将初出生的靛青白颊鸟放在天文馆内的笼子里，在随后的一系列实验中，他操纵投映出的星星的位置及转动。结果显示，靛青白颊鸟的“星星罗盘”是习得的而非天生的，换句话说，它们利用星星导航是习惯成自然而非本能。

以上研究结果是有意义的，因为星星的位置随时间而改变。如果鸟类通过进化而有固定、天生的罗盘功能，那么进化就不得不一直跟变动着的太空赛跑，哪怕要比赛不知多少千年。与鸟类迁徙相关的最成功的实验集中在它们利用地磁场数据的能力上。其中基础性的实验是在20世纪70年代由德国法兰克福的一群科学家担当的。许多其他的研究项目追随了他们的工作。总体来说，这些研究搞清了一点，就是鸟类的确以惊人的方式对地磁场有所反应。

在这个领域中最引人入胜的进展是在鸽子头部发现了一种微小的磁性晶体，位于颅骨与脑之间。除了某几种鸟类外，尚未见这种晶体普遍存在。不过磁性晶体至少算得上一种可能赋予了鸟类“第六感觉”的生物学特征。

总之从理论上讲，对于鸟类迁徙这个老问题有各种各样可能的解释：昼夜节律、视力、利用太阳或星星导航的能力，甚至生物性的第六感觉。纵然可以设想所有这些导航系统都起作用，但它们各自的重要性看来还是因鸟的种类而异。对于有些种类，其他因素如鱼的气味或蛙的鸣叫似乎也起一定作用。各种鸟之间有极大差别，从筑巢习惯乃至食物种类无不涉及，在蜂鸟和冻土带天鹅身上起作用的机制或机制组合各有千秋。一种不过迁徙百把公里的鸟儿也许用不着很了不得的导航系统，而那样的系统对另一种在南北极之间往返迁徙的鸟儿却是必不可少。南极洲可敬的“公民”企鹅也迁徙，最远不过482.7公里，但它们是走着去的！它们可没有什么“鸟瞰”，也无须对地磁场有反应的晶体。

60年前，研究人员简直不知道怎样去了解，鸟类何以能这么分毫不差地完成上百，甚至上千公里的非凡旅程。然而自那时以来已经取得了很多进展。不完整的解释比比皆是，但论述鸟类的每一本著作、每一篇文章都充满了条件性的词语：“可能……但也可能……”我们对鸟类会进行多么壮观的跨世界飞行知道得比较多，可是这里面的谜团仍然远远多于解释。小小的太阳鸟又展露身影，在你窗外的苹果树上筑巢。我们通过加箍环可以了解到，它正是去年那只。想到过吗？它同你上次见面之后去了南美洲又回来了。怎么会呢？

世上事最好不知底细，可以让你浮想联翩。这难道不是个例子吗？

金丝猴

提起我国动物中的国宝，人们自然而然就想到了大熊猫，但是与此同时，人们也不会忘了金丝猴，尤其国外动物界更是如此。因为它是中国独有的一种稀有动物。许多国外动物界人士为了一见它的“庐山真貌”，专程越洋过海来中国考察。

“金丝猴”这一雅号，顾名思义是源于它那与众不同的金黄色体毛。然而与其独特的形体特征相关的雅号还有两个：它长着一副蓝色的面孔，因此它又被称为“蓝面猴”；它那蓝色的脸上又长着一只鼻孔朝天翻着的鼻子，所以它又有了一个“仰鼻猴”的雅号。

金丝猴

金丝猴的体型在猴类中算是粗壮的了，身高在 70～80 公分（1 公分 =1 厘米），母猴稍矮些，也在 60 公分左右。金丝猴体重多在 10 公斤以上，雄性的体重可超过 15 公斤。它那几乎与身体等长的尾巴，长达 60～80 公分。它那独具特色、因之而得名的体毛竟长达 50～60 公分。

金丝猴有一对炯炯有神的眼睛，一只别有特色、向上翻着的鼻子，鼻梁既小又塌，每当下雨的时候它要不就低着头，要不就用前肢捂着鼻子，或者发挥长尾巴的作用，把尾巴甩过来盖着鼻孔，免得雨水流进去。它的嘴巴圆圆的，长着两片厚嘴唇。雄性金丝猴在嘴的两侧各长着一只肉瘤，这肉瘤随着日月的增加越长越大、越长越硬。它脑袋两侧长着一对不算大而竖起的耳朵。

金丝猴喜欢栖息在林木茂盛的高山上，主要在树上嬉戏、活动、摘取食物。如果下地活动，它们就把长尾巴搭在肩上，这样行动就比较自由了。金丝猴也有垂直迁徙的活动规律。它们的活动范围一般在海拔1500米至3500米的高度。它们不怕寒冷，但是冬季也要往海拔较低的地方迁徙，为的是便于觅食。夏季到来时，它们早早地就迁徙到海拔3000米以上的高度，因为它们非常怕热，这与满身的长毛不无关系。

迁徙时猴王义不容辞地走在前面带路，幼猴夹在中间，几只成熟母猴殿后，还有几只在中间照料幼猴。

金丝猴喜欢群居，每群少则十余只，多则上百以至数百只。金丝猴的猴群中也有一个猴王，这个猴王身材壮实，体力充沛，有丰富的生活经验，最重要的是它必须是历次你死我活的争取权力斗争中的获胜者。角斗的冠军宝座，也是猴王的宝座。获得猴王宝座的当然是雄性的金丝猴了。它一副威严的姿态，行走时把尾巴翘得高高的，很有王者风度，臣民们则前呼后拥，以示臣服，王后、王妃也紧随身旁。在金丝猴的家族中，猴王虽然妻妾成群，威风凛凛，但是它的生活并不潇洒，它承担着保卫家族的重任。家族的其他成员在觅食、嬉戏时，它要攀援到树木的高处，观察有无敌情。一旦发现敌情，它就要向家族成员报警，并带领家族逃离。一群金丝猴只有一只成年壮公猴，而且必须处在领袖地位，有时也有其他成年公猴，但是必须服从猴王，并不得沾染后妃。幼猴长大了，或者闹分裂，拉出一群猴子建立新家族，或者打倒老猴王，夺来猴王宝座。但是将王位夺到手并不那么容易。

一群金丝猴在某一个季节或一定时期里，总有自己的固定领地，这片领地大约有两三平方公里的范围，每迁徙到一个地点，它们总要先建立自己的领地。领地确立以后，其他金丝猴家族就不允许入内了。如果其他猴群入侵，领地的原有猴群就会全力以赴地驱赶入侵者。不到迫不得已，绝不让出自己的领地。

金丝猴猴群内部很有温情。例如：热天午睡，母猴总是让幼猴依偎在自己身上；当母亲的还常常把孩子抱在怀里以示亲热；据说有时母猴面临猎人无法逃脱时，它还会给孩子喂上最后几口奶；它们常互相帮助捉虱子、挠痒痒，尤其是母猴更是以此作为伺候丈夫的本职工作；天气冷的时候，它们就挤在一起互相取暖。

金丝猴食性比较广，主要吃素食，树叶、树芽、嫩树枝、青竹叶、嫩竹笋、植物浆果都是它们的日常食品。有时它们也会捉野鸟、掏鸟蛋、逮昆虫开开荤。至于吃鲜桃、吃香蕉，那是动物园中的金丝猴的福分，野生的金丝猴那是碰不到这种机会的。

金丝猴多在秋季进入发情期，孕期7~8个月，春季产仔，每胎仅产一只仔猴。仔猴刚生下时体毛可不是金色的，而是暗棕色，约一个多月以后变黄，然后才逐渐变成金黄色。大约一岁半幼猴才断奶，长到4岁多，幼猴就长成熟了。寿命一般在十七八岁。

科学地说，金丝猴并非一律长着金黄色的毛。因为金丝猴还分为不同的亚种，不同的亚种体毛颜色并不一样。金丝猴可分为：普通金丝猴，这种金丝猴毛色金黄，它们主要生活在四川省；黔金丝猴，它的毛色是灰色的，仅两肩间有一块白色的毛，所以动物学家又称它为灰金丝猴，它们主要分布在贵州，四川与贵州相邻处也有一些；滇金丝猴，它的毛色除胸腹和四肢内侧长着白毛外，其他部分都是深灰近黑的颜色，所以又叫黑金丝猴，这种猴在幼小时体毛是近乎白色的，所以当地人也有叫它白猴的。

很有意思的是金丝猴与大熊猫不仅同为国宝，而且还是近邻。有金丝猴的地方，常常也有大熊猫，只不过前者灵活地在树上跳来跳去嬉戏、觅食，而后者则缓慢而孤独地在树下活动或觅食，双方互不侵犯，各得其乐。

金丝猴那珍贵的皮毛自古以来人们就对它垂涎三尺，有钱人更把它作为炫耀富有的资本，总想以它的皮用来制成皮衣、皮褥享用，这引起了一些见利忘义者对金丝猴的猎杀。而破坏性的森林砍伐行为，又破坏了金丝猴的生活环境，较大群的猴群已经极难见到了。珍稀的金丝猴越发显得珍稀。

海豚与我们一样聪明吗

海豚总是让人着迷。古希腊人希罗多德因撰写有关希腊与波斯战争的著作而开纪事体史书之先河。他讲过一个故事，诗人阿里翁乘船出海时遭海盗袭击，思量着大势已去，便唱了一曲诀别哀歌，然后纵身跳入汹涌的大海。没想到一头海豚过来，背着他游了好几里到达岸边，他得救了。这

个故事后来被莎士比亚改编成剧本《第十二夜》。时至今日，关于海豚搭救水手和渔夫的传闻依然有很多。在希罗多德之后过了四个世纪，另一位对西方文学影响深远的人物普鲁塔克写了一篇寓言体散文，论述“陆地动物与海洋动物智慧之优劣”，其中谈到海豚是这样写的：“唯海豚超群绝伦，其禀性有受之造化而令哲人称羡者，重交谊不较得失之谓也。”

海 豚

望见海豚与出海的船只并肩而行、逐浪嬉戏，听到海豚变换声调此呼彼应，时而嘶哑如初中男生，时而婉转如思春少女，看着海豚面挂始终不变的笑容，古往今来不知有多少人油然生起亲密之情。尤其要提到海豚的呼唤声，乍听之，仿佛它们在用自己的语言说话。然而，对海豚的科学研究直到20世纪后半叶才臻于成熟。人类学家格列高里·贝特森与在新几内亚搞研究出了名的玛格丽特·米德是同事，两人于1936年结为伉俪。贝特森对海豚兴趣浓厚，所以着手研究它们的行为。到1965年，他弄清了海豚生活在组织严密的群体中，群体有一位公认的首领，这很像灵长类动物。与此同时，关于人类开放意识状态的著名研究者约翰·C·利利也在研究海豚，目的是要查明它们能在多大程度上相互交流以及同人类交流。

贝特森的发现反复地被人证实。毫无疑问，海豚形成了复杂的群体。利利的工作虽然启发了其他许多研究者，却一直是有争议的。他进行的一项测试可以说明为什么他的研究令一些人振奋，却又被另一些人严厉指责。利利想了解自己能否教会一头海豚（称呼是8号）重复一定音调、时程和强度的哨声。海豚若是反应正确，能得到食物奖励。正如这类测试中常有的事，8号很快掌握了“游戏规则”，随后便好像是在按自己的心意改变规则，挨个儿提高其喷水孔所发哨声的音调。再接下去利利注意到，尽管喷水孔在动，像是在发出声音，却听不见。事情显然起了变化，海豚能发出人听觉范围以外的一系列声音，这个能用电子装置监测到。利利以为海豚在重建游戏，十分欣喜。在他看来，这是海豚拥有适应性智力的又一标志。不管怎么说，规则建立起来了。利利没有听到声音，所以不给奖励。由喷水孔的动作来判断，海豚又有两次发出人听不见的声音，想得到奖励而没有成功，于是再度发出利利能听到的声音。

对于利利来说，海豚的行为证明了它具有高级智力，高明到了能够测试老师的程度。而且更加令人印象深刻的是，它能理解高音调声音所引起的问题，并加以解决。对于利利的批评者来说，研究根本没有证明什么。谈到海豚会模仿一些哨声，他们反驳说，海豚改变游戏规则说明它们笨，而不是聪明。海豚也许很顽皮，但讲它存心把人玩得团团转，叫疑心的人听起来未免太牵强附会。暗示说海豚故意提高音调，那只是利利的解释。提高音调可能纯属偶然，或者更糟，是因为不能专心做眼前的事情——发出一定的哨声来取得食物。换言之，所谓“智力”云云与其说是在海豚脑子里，不如说是在利利脑子里。类似的批评也针对着利利的其他许多实验以及其他研究者关于黑猩猩的许多实验。利利自己也用黑猩猩做过实验，而且多次发现海豚学会按右按钮（某些实验中的术语）所需尝试的次数比黑猩猩少得多。在批评者看来，这类发现又像是拿苹果跟橘子比。有些测试可能本来就比较适合海豚的行为。

不少研究者根本不喜欢用任何方式方法去测试动物的智力。他们相信，搞这类测试的人有一种“拟人论”倾向，老是将人的特征谬加给动物，到头来肯定会歪曲研究结果。利利还有别的问题让他在科学界成不了正果。他这个人兴趣太杂，先是热衷于超感知觉，然后又迷上了卡尔·萨根的外星智能探索，忙乎着搜寻外太空文明发来的无线电信号。他甚至露过口风，人学着跟海豚沟通是明智之举，可以为将来跟外星人交流打下基础。诸如此类的表态气得有些科学家火冒三丈，即便利利的研究给畅销小说《海豚的日子》提供过灵感也无济于事。

说到《海豚的日子》，那是罗伯特·墨勒的创作，出版后赚足钞票，1973 年由麦克·尼可尔斯改编成电影，一时间引起轰动。小说的主人公海豚被描写得身手非凡，不仅能执行多项任务，还知善恶、明是非——拟人论得一塌糊涂！

另一些科学家继续对海豚进行研究，有些结果成功地支持了利利对海豚智力的高度钦佩。杰维斯·巴斯提安对名叫巴茨和多瑞丝的两头海豚进行了一项实验，结果表明，它们能交流人类所谓的抽象概念。两头海豚被放在一个分隔的水池里，相互隔着障碍网能够看见彼此。双联开关和信号灯安装在隔开的两侧。如果信号灯发出稳定的光束，海豚就要推撞右开关；如果信号灯闪烁，就推撞左开关。两头海豚没有费什么工夫就学会了，在正确完成测试任务后得到了食物奖励。

随后，实验要求更难了。巴茨得先推撞正确的按钮，多瑞丝待着，接下去多瑞丝推撞同一个按钮，它们俩一起获得奖励。一等到它们掌握了要领，就在水池中树起一堵墙，使得它们再也不能相互看见，而且只让多瑞丝一侧的信号灯发光，但两头海豚仍旧能听到对方。当信号灯稳定发光时，多瑞丝等着巴茨先推撞按钮，正如它们先前在实验的第二个步骤上被教的那样。当然，因为巴茨那边的信号灯根本没打开，所以什么也没有发生。这时，多瑞丝发出了声音，巴茨便即刻去推撞它那一侧的右按钮——尽管它那边没有灯光能让它看到。多瑞丝接着完成自己该做的动作，它们俩都得到了鱼。测试重复了50遍，巴茨一般能推撞正确的开关，只是偶尔有错。实验证明了三点：（1）海豚学会分辨左右（一个抽象概念）没问题；（2）多瑞丝能与巴茨沟通，让对方知道该推撞右按钮还是左按钮，沟通时只用声音；（3）多瑞丝显示了解决问题的能力，因为它认识到了情境有所改变。

多年来，类似于以上的实验，加上对海豚在其栖居场所中的观察，人类对海豚智力的研究取得了惊人的结果。人们不能不问：海豚在智力上到底同人类有多接近？约翰·利利的早期实验也许没有设计得尽可能严密，但后来关于巴茨和多瑞丝的研究支持了利利对海豚能力的高度评价。它们确实很聪明，很少有科学家对此再有什么争议。那么海豚同人类相比又如何呢？

有一种经典的方法被用于计算各种动物可能有的智力，就是将脑重与整个体重相比较。长吻海豚是我们最熟悉也最容易遇到的，其脑重与体重之比仅次于人类。平均而言，人的脑体之比为2.10%，海豚为1.17%，黑猩猩为0.70%位居第三。要是光看三者的脑重，暂不考虑体重，那么海豚排行第一，平均脑重1.75千克。人脑平均1.4千克，黑猩猩0.4千克。请记住，这里讲的是平均数。有的海豚脑重高达2.3千克，不过它们的身体也比较大。这些数字的确让人感兴趣。如果你只看重脑体比，你会觉得海豚在智力上仅次于人；若是考虑海豚与人的脑重差别，还会以为海豚更聪明。但是，这种比较存在着严重的问题。

加拿大人麦戈文既是动物学教授，又是古脊椎动物博物馆的馆长。1994年，他写了一本《从硅藻到恐龙：生物的大小和尺寸》，彻底否定了脑体比的意义。他引用了从简单到复杂的种种事例来点明问题："一只猫的脑占其体重的1.6%，而一头狮子的脑只占体重的约0.13%，可是狮子的智力一点儿也不比猫低"。猫与狮子的脑体比差别同躯体代谢率有关。然而，躯体代谢率虽然能说明许多这样的例子，却远远不能说明一切。麦戈文讨论了人们将脑同躯体大小相关联的种种尝试，这当中有该领域的早期专家哈利·杰里森，他为包括哺乳类、鸟类、鱼类、两栖类和爬行类在内的近200种动物绘制了一张对数图表。麦戈文注意到，在一类动物与另一类动物之间，图表显示的结果有不同含义。例如，在大的和小的灵长类动物之间，脑的大小相差悬殊；而在鲸类动物鲸鱼和海豚中，脑的大小差别就不那么悬殊了。

即使在鲸类动物中也有造成差别的问题。比如，蓝鲸的长度是抹香鲸的两倍，而抹香鲸的脑也许是地球上所有动物中最重的。人类于1949年捕杀过一头抹香鲸，身长15米，脑重9千克。蓝鲸属于须鲸类，要靠食用大量的小浮游动物才能生存，它们的嘴相当于身长的1/3，里面充满了鲸须（鲸骨），形成过滤器。这一庞大的进食器占去了头部的很大一部分，所以留给脑的空间就不多了。抹香鲸属于齿鲸类，就像海豚，它们需要更大的脑出于两个理由：（1）它们靠声音定位；（2）它们属于复杂的生物群体。这两点都使得抹香鲸不能跟蓝鲸一样，像个巨大的吸尘器在海里横冲直撞，而是要有更高的智力。

更大的困难在于了解鲸类动物脑的执行功能，不光是脑的大小如何。对于鲸脑的各部分如何工作，我们知道得比对人脑还要少——尽管两者在结构上有相似之处。很有可能，海豚脑的很大一部分空间用于处理声音定位。你看，海豚的声呐系统有这么精细的调节，连美国海军也不惜耗巨资加以研究，以便改进各种水下操作。另外，海豚在潜水时能控制自己的每一次呼吸，把血液集中在身体的特定部位。人要是做得到，就能有意识地克服哮喘、调节血压。在呼吸和血压方面，海豚比人更少听任本能，更多主动控制。我们可以从两个角度看待上述现象：一方面可以把它看作高智力的标志，远非人所能及；另一方面它也可能表明，海豚脑的大部分用于这类调节活动，结果用在抽象思维和语言创造上的余地就很小了。

说到语言创造，那也许是我们遇到的最深奥秘。毫无疑问海豚能以最惊人的方式相互沟通。研究人员观察到，有些情况下它们之间的沟通无论如何得称作“会议”。例如，一群海豚游近某个地方，那里有一排杆子插在海床上，杆子上装着水下麦克风。海豚们会停下来，其中一头海豚游上前去察看。这位“侦察员”回来后，海豚们发出各种各样的声音，然后一起前进。水下观察者多次见到上面讲的那种行为，他们简直被这种看上去像开讨论会的情景迷住了。

2000 年 8 月《科学》杂志上的一篇报道则走得更远。苏格兰生物学家文森特·M·简尼克分析了长吻海豚沿着苏格兰莫雷·弗斯海岸游弋时相互沟通中的 1700 种哨音信号。海豚们常用同样的信号进行为时几秒钟的彼此应答。因为匹配沟通信号被假设为人类语言进化的重要一步，所以他提出，海豚能使用“声音语言”，那是口头语言进化的前提。其他人在更早些时候所做的研究已经弄清楚，年幼的海豚得到某种信号性的哨音组合，构成自我识别的一种形式，可以被看作名字。这样，一头海豚就能把哨音信号专门传达给游到一定距离以外的另一头海豚。

持怀疑态度的人反对说，这些哨音没有显示出足够多样的差别，不足以称为语言。但即使这对我们来说算不上一种语言，对海豚却算得上。我们不妨想一想第二次世界大战中重大的密码战成果。美国海军招募了几十名美国那伐鹤人（某印第安部落成员）在太平洋上担任“密码谈话员”。他们被分派到海军各分队受训使用专门的军事行动术语，当有电信要发送和接收时，就负责操作无线电台。那伐鹤语的拼音直到当时之前不久才确定下来，因此日本人全然无计可施。他们破译了我们所有的密码，唯独没能破译这一种。照这样看海豚很可能有自己的语言，而我们却无从解释。在这样的背景下，约翰·利利提出学习与海豚沟通可能有一天会帮助我们同外星人打交道，好像也未必如许多人最初想的那么傻气。

水葫芦䴙䴘

营造空中楼阁自然十分安全舒适，但那毕竟需要较高的技巧才能完成。有些鸟生来就不善飞翔，它们世世代代在水中生活，就像江南的水上人家，以江为田以船为屋。这些鸟习惯于在水上漂泊，并不要用于栖身的家，但为了繁衍生息，还是需要营巢产卵。因为它们习惯于水中生活，更喜欢在水上建巢，它们的巢被称为“浮巢”。

䴙䴘就是几乎终日漂泊于水上的一类鸟。它们非常善于游泳和潜水，取食、睡觉、生儿育女都在水中进行，可称得上是名正言顺的水上居民了。䴙䴘看上去很像鸭子，但只有鸽子大小，嘴是尖的，适于在水中捉鱼。尾巴上的毛又松又软，不像鸭子那样翘起。它们漂浮在水面，远远看去就像落入水中的葫芦，所以又被称为“水葫芦”。䴙䴘潜水的本领很出色，它的一双腿长在身体十分靠后的地方，脚上有分离的瓣状蹼，潜水时伸到身体后端像螺旋桨一样推动身体前进，一遇到危险就马上潜到水里，等稍微安静一下就把鼻孔和眼睛露出水面，查看周围的动静，这很有点像龟鳖，所以老乡们又把它叫作“王八鸭子”。䴙䴘的翅膀很短，不善于飞翔，飞起时紧贴着水面，双脚拖在后面，激起一串串的水花，飞行约10余米又落入水中。一旦上了岸，䴙䴘几乎寸步难行，柔弱的双脚支撑不起身体，只能卧在地上。䴙䴘常把巢建在沼泽、池塘、湖泊中的芦苇、灯心草、香蒲等有丛生植物的地方，有的时候也会修在莲花间。䴙䴘先把挺出水面的草茎拗折，互相交叉搭叠编结在一起，再用零碎的芦苇、蒲草等填充起来，构成一个厚厚的圆饼，漂浮在水面上，随波上下、左右摇摆，却不会漂走。这样漂浮在水面上的巢有时建得很大，外径可以达到45厘米，但用于盛卵的凹窝却很浅，只有两三厘米深。巢中的材料常因为高温潮湿而发酵腐烂。这样的巢都是由雌雄鸟通力协作完成的。它们常常潜到水里，衔取做巢的材料献给对方，这也是它们互相表达爱意的一种方式。䴙䴘通常一窝产4～8枚卵。蛋刚生下来时是白绿色的，但由于与巢中腐烂的物质相接触，不久就变成了黄褐色，雌雄鸟轮流孵化。当它们离开巢时，

常用芦苇、杂草或其他杂碎的物质把卵遮盖起来，这是许多鸭雁类也具有的习性。这样做不但可以保暖，而且可以起到隐蔽的作用。因为大嘴乌鸦、白尾鹞等掠食者无时无刻不在寻觅这些美味佳肴。23～28 天以后幼雏出壳，刚出壳的小䴙䴘全身毛茸茸的，但它已经能够在水中自由潜泳了。此时的小䴙䴘很机敏，稍有惊动就会立即与幼鸟一道潜入水中，消失得无影无踪。

立于鹤群的“鸡”

水上的居民不只是䴙䴘，骨顶鸡也是喜欢随波逐流的一种。它的名字虽然叫作“鸡”，但与鸡也攀不上亲戚，它实际上与鹤同属一类，只是没有鹤那样优雅的身影和高亢的歌声罢了。

骨顶鸡

骨顶鸡又叫白骨顶，它的头顶有一块白色的骨甲，阳光一照很是显眼。它们浑身以青黑色为主，不是很艳丽，在水中游泳时，远远看过去像一只黑鸭子。但是骨顶鸡没有野鸭那样完整的蹼，只在每一个脚趾周围具有单独的蹼膜，像花瓣一样，称作“瓣膜”，所以骨顶鸡游起泳来自然要比野鸭费力得多。但它依然属于擅长游水的一类，每天的大部分时间都在水上度过。游泳时，头向前探着，一叩一叩地点动，像是在帮助双腿使劲儿一样。遇到危险时，它与䴙䴘不约而同地采用了同样的策略——潜水逃跑。但骨顶鸡飞翔能力很强，在大江及湖泊上发现船只靠近时会像野鸭一样满天乱飞。在陆上时它也不像䴙䴘那样无能。骨顶鸡保持着鹤一样强健的腿，尽管不那样修长，但仍然能快速奔跑。它们平时走路时很斯文，身体前部向前低探，后部翘起，头向前伸，一步一点，很有老夫子的风度，遇到惊扰会立即蹿到林子中躲避。无论是水上还是陆上，骨顶鸡的逃跑策略都足以对付天敌。但是在手持猎枪发动过无数次战争的人类面前，它们依然显得无能为力。

骨顶鸡也喜欢在水面上安家，这自然也是用来对付陆上的非人类天敌的办法。雌雄鸟共同筑巢，造好的巢也像䴙䴘的浮巢那样常和水生植物纠缠在一起，浮在水面上，随水面的涨落而上下浮动。但它的巢要干燥一些，没有那么多腐败的叶子，产下的蛋也很干净。骨顶鸡的蛋壳是灰白色的，带有紫、灰褐及黑褐的点状斑，斑很圆净，稀疏而均匀地点缀着蛋壳。骨顶鸡很会保护这些卵，当发现有船只接近巢时，会迅速而敏捷地用厚密的芦苇把巢遮蔽起来。双亲密切配合，共同担任孵卵和护巢的工作。这样大约要持续 24 天左右，直到小骨顶鸡破壳为止。小骨顶鸡一出世就会游泳，跟亲鸟一起隐藏在密集的植物丛中。亲鸟会像母鸡一样护着小骨顶鸡。

骨顶鸡的近亲黑水鸡也是营造浮巢的好手。黑水鸡又叫红骨鸡，因为它头顶上的骨甲是红色的。黑水鸡常在靠近水边的陆上运动，有时还会飞到树上。它的脚上没有骨顶鸡那样的瓣蹼，但它仍然是游泳能手，所以巢也建在水面上。假如在水中遇到了天敌，它会潜入水中，用爪子抓住水下的植物，使身体不至于浮上来，只把鼻孔前的一段嘴巴露出水面，非常难被发现。

骨顶鸡和黑水鸡都是南方人们的狩猎对象，尤其是骨顶鸡，在秋季迁徙时会集成很大的群体。但为了使人们能持续地享用这些自然的恩赐，也应该有限制地猎取。尤其在它们的繁殖季节，更应该让这些“水上人家”安宁地度过一个夏天。

横跨两类的鸭嘴兽

自然界中有一种动物，它既具有哺乳动物的特点——以乳汁喂养幼仔，同时又具有爬行类、鸟类的特点——生殖孔与排泄孔合在一起，生殖方式是卵生，而且还孵卵。它的嘴外形像鸭子的嘴，所以给它起了一个名

字叫鸭嘴兽。

鸭嘴兽身上有许多稀奇古怪的地方。首先它的外形很奇特。它的身体像兽类，全身有浓密的短毛，体形为流线型，身长约50厘米左右。它的嘴是颌部的延长，外形极似鸭子的嘴。别看它的嘴像鸭嘴，可比鸭嘴高级多了。它的嘴里面是角质的，覆盖在角质上面的是一层柔软的、富有弹性的黑色皮肤，皮肤里还有一些特殊的结构能感觉到动物肌肉里电场的移动。这使得鸭嘴兽的嘴能准确地把藏在水底淤泥里的小动物捕捉到。它嘴的前缘还有脊纹，可以咬碎或咬紧食物，下颌两旁还有“过滤器”，可以把水挤压出去。

鸭嘴兽

从鸭嘴兽的头部看，好像没有耳朵，实际上它也有耳孔，没有的只是外耳。当它在潜水的时候，耳孔和眼睛紧靠在一起，耳孔和眼睛上的肌肉褶皱把耳孔和眼睛严密地遮盖起来，使得水无法进入。

鸭嘴兽有短而粗的四肢。更为特别的是与它那四肢比例不相称的发达的脚。它的脚上长着蹼，当它在水中游泳的时候，蹼便伸到爪外。当它在陆上的时候，蹼就缩回去，好像一把折扇，可以打开、关上一样。鸭嘴兽的爪极其锐利，当它为自己建造洞穴的时候，其爪好似挖土机，大约15分钟就可以挖出深50厘米的洞穴。鸭嘴兽的爪子不仅锐利，在雄兽后脚的大拇指上还长着的锋利的角质距，终身都存在。这个角质距能分泌毒液，此毒液能使狗很快死去，如果到了兔子的皮下，两分钟之内便会死掉，可见“距”分泌的毒液毒性之大。

鸭嘴兽的尾扁而平，样子像船上的舵，起到了舵的作用。其尾长约是体长的1/3～1/4左右。它的尾巴还会铲土造墙，墙的厚度可达20～30厘米左右。可见鸭嘴兽的尾巴力气之大。

鸭嘴兽喜在水边挖洞而居，尤其是在近水的树下建造它自己的地下室。地下室有两个洞口，一个在水下，一个在岸上。岸上的洞口容易被敌害发现，鸭嘴兽就在洞口用杂草、碎石伪装起来。水下的那个洞口主要是为了方便到水下觅食，还有逃避敌害的作用。

鸭嘴兽主要在水中捕食小鱼虾、青蛙、螺蛳、蚯蚓等食物。由于它的活动量大，食量也很大。鸭嘴兽的食量几乎和它的体重相等。有人观察到一只鸭嘴兽一天吃了540条蚯蚓，2～3只虾，还有2只小青蛙。

每年的10月份，对于澳大利亚来说正是初夏时节，雌兽和雄兽在水中交配。鸭嘴兽是“单孔目”动物，大肠末端只有一个孔，这个孔有三个作用，排出粪便、排泄尿液、排出精子或卵细胞。这个孔被称为“泄殖腔孔”。而动物界只有爬行类和鸟类有泄殖腔孔，在这点上，鸭嘴兽与它们是相似的。大约半个月左右，鸭嘴兽通过泄殖腔孔产下1～3枚卵，卵为白色，壳软，卵个头约似鹌鹑蛋大小。这时雌兽就把卵抱在胸前孵化。雌兽孵卵时，它的地下室就不同以往的地下室那样了。在产卵前鸭嘴兽把地下室收拾得可舒服了，先把洞里的通道加长加宽，然后在原来“卧室”的基础上再挖宽一点，最后把用水泡了一天一夜的许多草茎、树叶码放整齐摆在洞里，这就成了它舒适的床垫。鸭嘴兽就在这样高级的床上产卵，孵卵。

大约经过10天左右，小兽从软壳内爬出。小兽大约只有2.5厘米长，全身裸露无毛，闭着眼睛，靠吃母兽的奶长大。小兽吃奶时，姿势奇特。母兽仰卧在地上，它的腹部无乳头，只有乳腺区，母兽腹部中央凹陷下去，小兽趴在母兽的凹陷部分用嘴挤压母兽的乳腺区，奶水就流入凹陷部位里，这时小兽就可以舔食乳汁了。因此，鸭嘴兽又具有哺乳动物的特点。

两个月后小兽长出体毛，4个月左右小兽发育完全，可以离窝外出觅食，开始独立生活了。

鸭嘴兽的体温较低，一般维持在26～35℃之间，而且随着外界环境的变化而变化。但是变化是有范围的，当环境在30～35℃持续不变时，它将失去调温能力而死亡。这一生理特点决定了鸭嘴兽的生存范围极为狭窄。

由于鸭嘴兽有这么多奇特的特点，生物学家们经过约100年的争论，终于将鸭嘴兽定义为：哺乳动物纲，单孔目，鸭嘴兽科。全世界只有这一科一属一种。

人类通过对鸭嘴兽的研究，发现了哺乳动物与爬行动物的亲缘关系，同时也进一步发现了哺乳动物起源于古代的爬行动物，还确认了单孔目动物是最低等的哺乳动物。鸭嘴兽是世界上极其珍贵的动物，它只分布在澳大利亚的东部。

缝制房子的缝叶莺

缝叶莺生活在中国南部、印度和东南亚一带，是各种莺中比较稀有的一种。它们生性活泼好动，并不很怕人，常常十几只集成一群“吱吱啾啾”地叫个不停，声音虽不婉转，倒也十分悦耳。缝叶莺长长的尾巴很有特点，常像旗杆一样竖在身后，有时尾巴向前倒倾，一翘一翘的，仿佛身体失去了平衡，甚至要敲到头了。它们喜食树上的昆虫，常会从树的根部向上攀着枝叶，一棵树一棵树地搜寻。

缝叶莺的巢也建在它们寻食的地方，如果园、树篱、灌木丛等处，离地面不高，两米左右。既然叫缝叶莺，那自然是以“缝叶”而闻名了。它们喜欢选用芭蕉、葡萄等较大而结实的叶子做巢，把一片或两片下垂的树叶缝合成囊袋状，然后再营巢于叶囊中。如果叶片不够大，就把相邻的两三片或更多的叶片缝合成一个完整的囊。有时聪明的缝叶莺还会在叶柄上绕一些纤维，把叶柄系在小枝上，这样即使叶片脱落了，巢也不会掉下来。

缝叶莺

“裁缝”是由雌鸟来作的。它先收集来棉花、蛛丝、细草茎、茧丝等纤维，有时它也很喜欢人类制造出的化学纤维。雌鸟在选好的叶子边缘用嘴钻一个小孔，把纤维穿过去，由于纤维很松散，被拉紧时，就在叶子的外边留出一个结，然后嘴脚并用，把两个叶缘合拢，在另一叶缘上也钻一小孔，把纤维穿过，并在外边留一线结，经过这一步，叶片就基本合拢了。但是，事情干起来远不像说的这样简单，这第一步是非常艰巨的工程。有时缝叶莺一次次的努力都失败了，就不得不放弃这片叶子，重新选择一片。一旦第一步大功告成，缝叶莺很快就会把两个叶缘缝合在一起，形成一个睡袋似的囊，再收集一些植物绒毛或棕榈树的纤维填垫在囊底，最后才用柔软的细草、兽毛、棉花等在囊中圈出一个深杯状的巢。这样一个小巧、温暖、舒适而又不易被发现的"空中楼阁"就造好了。雌鸟要在里边产下 3～4 枚卵，卵的颜色多种多样，白的、粉红的、淡绿的、天蓝的都有，并都点缀有深色的斑点。此时的雄鸟也忙碌起来，它要帮助雌鸟来孵卵、育雏，直到宝宝长大出飞。

与缝叶莺亲缘关系较近的一些鸟，比如棕扇尾莺、棕颈鹪莺等也都或多或少地懂一点"缝制技术"，但都比缝叶莺逊色许多，人们也很少注意过它们。

北极熊称霸之谜

北极熊是最喜食肉、惯于独处的巨兽，以浑身雪白皮毛作为天然掩饰，全靠潜行偷袭和一身蛮力捕食各种动物，在北极冰上称霸。北极熊是北极沿海浮冰及烈风吹袭的海岸上最大、最凶猛的食肉动物。在陆地上，平常没有动物敢攻击它。除了老雄、海象或集结成群的麝牛之外，北极熊简直无所畏惧。

北极熊

北极熊通常都居于陆地附近，但在冰封的北极海大半地区也会有它们的足迹，还会随着浮冰漂流出海。夏季，北极熊常在沿岸各地出没，很少深入内陆 30 公里以外。

成年的雄北极熊平均约重 1000 磅。但是动作极为敏捷，能跃过冰上 12 英尺宽的裂缝。这样重量的雄北极熊，约长 8～9 英尺。其后腿站立时，能平视大象。

在笼中饲养的北极熊，寿命可达40年。雌性3岁时成熟，雄性较晚需一年。

探险家和捕鲸人讲述了许多有关北极熊猎食动物的技巧，其中有一些无疑言过其实。例如，用两只前爪捧着大冰块击破海象的头部；潜近猎物的时候，用雪把黑鼻子盖起来；以后腿站立，向海豹投掷大冰块，先把海豹击昏才从容猎食等，这些说法都非事实。一般人都认为北极熊是迟钝笨拙的动物，但是有人见过它在陆地上追逐飞奔的鹿的场面。

北极熊蛮力很大，能把200磅重的嗜冰海豹从冰上海豹通气洞猛力拖出来，连海豹的骨盆也撞碎。

北极熊猎取伏在浮冰上晒太阳的海豹时，早在进入海豹视力所及范围之前，就像一只大猫似的平伏冰面，以肋部或腹部匍匐前进，尽量掩护身形，从冰面滑入水中，再游上浮冰。然后突然扑击，这时海豹已来不及跳水逃走。海豹在水中的速度和耐力，远胜北极熊。目击者说曾见大群嗜冰海豹在水中围攻北极熊，甚至咬伤北极熊后腿。由此可知，海豹在水中显占上风。

北极熊基本上是独自猎食，但在幼熊能自行猎食之前，雌熊和幼熊集群出猎。交配期过后，雄熊便离开雌熊。在短短数天的交配期内，雄熊时常猛烈相斗，但在其他时间，除非遇到难得的肉食，例如受冰块困住而窒息致死的白鲸或独角鲸等，几只雄熊和几群雌熊及幼熊才聚在一起，大家相安无事地大快朵颐，否则彼此互不理睬。北极冬季期间，那些不在洞穴藏身的北极熊饥不择食。鸟卵、海草、碎木片，甚至同类的死尸等，什么都吃。夏季，北极熊到岸上换毛时，也是亲食性的，口味与同科动物棕熊相同，吃野草、地衣和越橘。北极熊也捕食旅鼠等小动物。在阿拉斯加，鲑鱼逆流而上的季节，北极熊便到小水潭和窄水道去捕食鲑鱼。

北极熊虽于4月间交配，但9月始着胎，产期为严冬，在自挖的雪洞内生产。初生幼熊长不及一尺，重不足两磅，整个冬季与母熊同住在雪洞内。母熊授乳期长达20周，母乳是幼熊在这段期间的唯一食料。3个月后幼熊约重22磅，但母熊则因哺乳期内禁食，原来的700磅体重，可能减轻一半。到天气回暖时，幼熊已长大，可以走出雪洞。

出生后几个月内，幼熊在3寸厚的皮下脂肪层上面长出浓密的绒毛和粗厚的保护毛。三四月间，母熊走出雪洞，开始捕食。最初的食物或许是冻腐肉。春天通常是食物丰收的季节，有大量幼海豹，特别是积雪下面洞穴里出生的嗜冰海豹。北极熊凭嗅觉寻觅海豹。袭击时必须迅速，因为海豹可钻入水中的冰洞。北极熊如能一掌击坍冰洞穴顶，便可一举双得海豹母子。

幼熊这时首次尝到固体食物，不过仍要继续由母熊哺乳，度过第二个冬季。雌熊通常第三年生育一次；如果失掉幼熊，便提前交配。幼熊在冰雪覆盖的斜坡嬉戏、滑冰，学习求生之术，还模仿母熊游泳和潜猎。母熊与幼熊玩滑坡游戏，一连玩上几个钟头，甚至有人见到年龄较大的老熊也沿浮冰斜坡滑下，然后爬上去再滑。

北极熊母子在第二个夏季分离，母熊离开半长成的幼熊，让它独立生活。这段时间，幼熊最易为猎人捕杀，到了冬季来临，也极易在酷寒中丧生。

人类是北极熊的最大克星。北极熊数目，估计现有5000至18 000只。北极熊徜徉于冰块上，仅偶然走上陆地，因此极难点算数量，这个估计数字极为粗略。人类每年猎杀北极熊千余只，大部分保存下来，留作纪念品。

“虎毒不食子”有科学依据吗

作为百兽之王的老虎，一向受到人们的深切关注，人们对老虎一向是又敬又怕。在古时，人们编出许多英雄打虎的故事来安慰自己，在提倡保护动物的今天，人们不再说“打虎”了；在古时，人们还常说“虎毒不食子”，在科学日益发达的今天，人们的观念也要变了，恐怕这句话要改成：虎不毒却食子。

老虎一般独居在自己的领地里，这一领地方圆大概在百里左右。独居的老虎彼此间的交往要靠吼叫来进行，自己领地的界限靠气味来划分。老虎的分泌物气味呛人，嗅觉不太灵敏的老虎只好一遍遍加强警戒。一般而言，老虎的强烈气息可以维持3周，而这些也会被毗邻而居的异性老虎察觉出来。

为了后代，在求偶季节，两只老虎才会走到一起。一旦交配结束，雌雄二虎便会各奔东西。已经怀孕了的母虎生活依旧孤独，但对虎而言，孤独不是痛苦而是享受。经历了4个月的孕期之后，新生命的孕育给母虎带来了另一种可以盼望的喜悦。

虎

母虎一胎产仔多时可有5～6只。这么多儿女对孤单的母虎来说是一种负担。它踌躇了半晌，选出了其中体弱的4只小虎，并一一将它们吃掉。吃掉了自己孩子的母虎并不为此感到痛心疾首，虎妈妈相当实际，它只有这么做，体格较强的少量幼虎才能存活下来。免疫力最强的小老虎往往被虎妈妈保留下来——自然界的生存法则就是如此。

此后两年，经筛选而幸存下来的孩子会在虎妈妈的带领下体味生活的艰辛。它会教孩子学会日后生存下去的必备技能——潜伏、追击、扑咬、搏杀。

正是在“食子”的虎妈妈的带领和教育下，老虎才会生存下来，而且“一代更比一代强”。

老虎与狮子到底谁是“百兽之王”

狮子、老虎，王者之位本归于谁？

研究动物的人都很清楚，老虎生活在亚洲，而狮子主要产于非洲，至于印度，现在仅有西部的吉尔地区或许还有少量老虎存在，据说一直受到保护，因而两种食肉猛兽各霸一方，根本没有机会碰到一起比高低，极其难说谁强谁弱，谁凶谁不凶。

在兽类王国里，狮子常常被人们称为“兽中之王”。而老虎，也经常被称为“百兽之王”。常言道，兽中只可能有一个大王，何来两个呢？

据推断，人们称狮子为“兽中之王”，并不是或不完全是因为它比其他兽类强大，殊不知雄狮的颈上长有长而密的鬣毛，异常威武雄壮，作为狮群的象征，颇有“王者气概”。此外，雄狮的吼声也特别洪亮，颇能震人心魄，可谓兽类之首。老虎虽也有深沉的啸声，但终比不上狮吼来得惊人，至于其他的豹叫、马嘶、犬吠、狼嚎，那自然更是不可相提并论。

老　虎

老虎之所以被称为“百兽之王”，乃是因为它是食肉猛兽中最有威力的一种，山林中大小诸兽无不对它避而远之，连东北的大黑熊和成年雌象，见了它都要赶快溜之大吉。

其实，狮子和老虎在兽类中并不是最强大的。在非洲，狮子遇到比它高大的大象，抑或比它更凶猛厉害的犀牛、公野牛，也要退避三舍，躲开为妙。即使是在与野牛、长颈鹿进行搏斗时，偶尔也会发生被它们踢断肋骨或肩胛骨的事例。至于老虎，虽然也有“百兽之王”之称，但是一旦碰上大公象，也只能乖乖地让步千里，然后溜掉，否则粗大的象鼻击来，再凶猛的老虎也是承受不了的。就算遇上的是雄野猪，老虎同样也不敢轻易进犯。

由此可见，“兽中之王”的桂冠给谁戴都有些牵强。老虎和狮子不但从未决胜负，且与其他高大动物相比，也有处于弱势之时。就算它们有了高低之分，离“王”的封号似乎还有一段坎坷之路要走。

千姿百态的昆虫翅

自然界中能够飞翔的动物很多，它们各自拥有一套“飞行器”，就是我们所说的“翅”或“翅膀”。然而，“翅”和“翅膀”一字之差，意思并不完全相同。鸟类、蝙蝠的飞行器，严格地说应称“翅膀”，而昆虫的飞行器就称为“翅”。因为，前者是由前肢（膀）演变来的，即由原来的行走器官逐渐转化为飞行器官；而后者与行走的附肢毫不相干。科学家们根据化石推测，早在3亿年前，昆虫的身体就出现了翅，从而使纤小的昆虫，成了地球上第一批“飞行家”。

蝴蝶

别看昆虫翅薄如膜，但还挺复杂哩！昆虫的翅是从体壁自中胸、后胸背板两侧，向外延伸而形成的“翅芽”发展来的。翅芽按其发生情况，可分为两类：一类叫“外翅类”，它是外生的，即由虫体表皮凸出形成；另一类叫“内翅类”，它是内生的，即由虫体表皮内褶，形成成虫盘，再由成虫盘长出翅芽。蝗虫、蜻蜓、蜉蝣等不完全变态的昆虫，都属于外翅类；金龟子、苍蝇、蝴蝶、蛾子等完全变态的昆虫，均属于内翅类。

在昆虫幼嫩细小的翅芽中，蕴藏着轻纱般的阔翅，还有气管、血管、神经等。随着虫体生长发育，翅芽渐渐伸展成薄而扁平的翅，血管、神经等大多消散，只留气管贯穿其中，形成坚实而隆起的“翅脉”，对翅起着支架作用。翅脉在翅面上的分布形式，因种而异。昆虫学家把这种分布形式称为“脉相”，其中有“纵脉”和“横脉”之分，纵横脉相交错，在翅面上形成众多“翅室”。脉相是昆虫分类学的重要标志，怪不得昆虫学家拿到一枚翅，就能从上百万种虫子中识别出属于哪一类。

绝大多数昆虫的成虫都具有两对翅，生长在中胸上的叫“前翅”，生长在后胸上的叫“后翅”。由于昆虫的生活方式及其所处生活环境不同，昆虫的翅也是五花八门。蜜蜂、苍蝇、蚂蚁、蜻蜓的翅呈膜质，轻薄、光滑而透明，翅脉清楚可见，一般叫“膜翅”。蝼蛄、油葫芦、中华蚱蜢、蝗虫等的翅，前翅狭小呈革质，叫“复翅”，后翅宽大呈膜质，且能折叠藏于前翅下。有的昆虫经过长期的进化，前翅翅面加厚，全部角质化，质地坚硬，失去翅脉，如同鞘套，称作“鞘翅”，后翅膜质，常折叠藏于前翅下，翅脉稀少。人们熟悉的瓢虫、天牛、金龟子、叩头虫等甲虫的翅就是这样。它们的飞行靠膜质的后翅，翅震低，飞速不快，但是，鞘翅对虫体具有盔甲般的保护作用，而且在飞行时呈V字形，并且微微摆动，能在飞行时保持稳定。有趣的是，有些昆虫如梨蝽、三点盲蝽、豆二星蝽等，它们的前翅仅在基部角质化，而前翅的端部和后翅仍为膜质，故前翅特称“半鞘翅”。还有许多昆虫，翅面上长着不同的被覆物，如毛翅目昆虫的翅面上长有很多毛，叫“毛翅”；蓟马的翅虽狭小，但覆有很多细小的缨状毛，叫“缨翅”；蝴蝶、蛾子的翅面上，密布着一层五光十色的粉状鳞片，构成了各种色彩悦目的图案，称“鳞翅”。鳞翅上的粉状鳞片并不是浮在翅面上的细粉，而是从翅膜上生出来的一种体毛的变形。有的昆虫翅上还有特殊的结构，如蜜蜂，一旦停落下来，那宽大的翅立刻变成了两条狭窄的薄片。

原来，蜜蜂的前翅有褶，可以像扇子一样折叠起来，折叠后，它的后腹部就全部露在外面。如果用放大镜观察，可以在蜜蜂的后翅尖端边缘上发现一排齿状的小钩，叫“翅钩”；而在前翅背面生有一排小孔，当前后翅重叠在一起时，后翅翅钩恰在前翅的小孔里，十分牢固。雄蜂不如雌蜂善于飞翔，就是因为雄蜂翅钩比雌蜂要少得多。

苍　蝇

苍蝇、蚊子这些人们非常熟悉的昆虫，虽然属于双翅目的“成员”，但却只有一对前翅，它们的后翅到哪里去了呢?原来后翅已退化成两根小棒，昆虫学上叫“平衡棒”。平衡棒在飞行中的振动与前翅运动方向相反，但频率相同，在飞行中起平衡作用。

有些昆虫的双翅完全退化，当然也就失去了飞翔的本领。如令人厌恶的臭虫，尽管它们的老祖宗曾生有长翅，但由于长期的洞穴生活，后来又跟着人类迁移到室内，根本不使用翅飞翔，经过漫长的岁月，它们的双翅便完全退化了，仅仅在前翅的基部遗留下一点痕迹，称为“翅基”。

昆虫学家根据昆虫有无翅，将昆虫纲分为两大亚纲：无翅亚纲和有翅亚纲，其中有翅亚纲占绝大多数，无翅亚纲只是少数比较原始的昆虫。在有翅亚纲中，一般分有28个目，其中有17个目是以翅态命名的，如我们常见的膜翅目、鞘翅目、半翅目、鳞翅目、毛翅目、缨翅目等。

有翅昆虫一般又可分为两大类：古翅类，如蜻蜓、蜉蝣等，这类昆虫的翅较长，但只能平展，不能折叠，静止时不能覆盖在身体背面，而竖立在背上或平放在身体两侧；新翅类，这类昆虫的翅能折叠起来覆盖在身体背面，兼作“防护衣”。从进化观点看，古翅类昆虫翅长，不能折叠，占用的空间大，所以逐渐被新翅类昆虫所取代。难怪在庞大兴旺的昆虫世界里，古翅类昆虫仅有蜻蜓、蜉蝣两个家族。

昆虫翅的主要功能是飞行，与翅相连的肌肉叫“飞行肌”，善飞的昆虫飞行肌往往很发达。据有关资料报道，蜜蜂每小时可持续飞行10~20公里；牛虻每小时可飞行40多公里；蚊子为了寻找水源产卵，也可飞行数公里；蜻蜓、螽斯和某些种类的天蛾也能持续飞行数百里乃至上千里而不着落。

从飞翔速度看，蜻蜓每秒钟能飞10~20米；金龟子2.2~3米；天蛾5米；菜粉蝶1.8~2.3米；家蝇2米；牛虻4~14米；蜜蜂2.5~6米。飞行不但有利昆虫扩大分布，而且对觅食、求偶、逃避天敌都很有利，加上昆虫个体小巧，比同样靠翅膀飞行的鸟类显得更为灵活机动。这是昆虫之所以具有强大的适应能力而繁衍不息的重要原因之一。

昆虫的飞行包含着无穷的奥秘，科学家们通过探索，已经获得了一批令人鼓舞的科研成果。比如，蚊子、苍蝇的平衡棒，不仅在水平飞行时起着稳定和平衡的作用，当航向偏离时，一侧平衡棒会扭转震动，这种扭转传至基部感觉器，从而改变前翅某一侧的翅震，以便及时纠正航向。

此外，平衡棒还可以保持虫体的紧张度，便成了一种小巧新型的导航仪“音叉式振动陀螺仪”，用在火箭和高速飞机上，以保持飞机的稳定性，并实现自动驾驶。又如，在空气动力学中有一种叫颤振的现象，它是机翼在飞行中的有害振动，飞机飞得太快时，这种颤振往往造成机毁人亡的事故。蜻蜓的翅在漫长的进化中，发展了一种对抗颤振的措施——翅末端前缘出现翅痣，这就是蜻蜓的抗颤振装置。现代飞机机翼末端前缘也有类似的加厚区，飞机上的这种抗颤振装置与蜻蜓的翅痣原理如出一辙。看来，昆虫的翅不仅为昆虫开辟了广阔的生活天地，而且为现代仿生学展示了无限诱人的前景。

五花八门的昆虫脚

在生趣盎然的昆虫世界里，昆虫脚的形态和功能可说是五花八门、多种多样。

昆虫的脚共有 3 对，它们分别长在前胸、中胸和后胸的 3 个胸节上，叫作前脚、中脚和后脚。每个脚又分成好几节，一般由基节、转节、腿节、胫节和跗节组成。由于生活习性和生活环境不同，昆虫脚的形状和作用，也是各种各样的。

螳 螂

有种栖居在石块、树皮下的步甲，它们虽然生有翅膀，但平时却不大动用，大多丧失了飞翔能力，而主要靠脚步行，6 条腿又细又长，很善于奔跑。人们把这种步甲叫作“步行虫”，它们的脚就叫“步行脚”。令人讨厌的蟑螂，它们的脚也是步行脚，虽然它们生有 4 片薄薄的大翅膀，可并不常使用。有时偶尔看见它伏在角落里不动，当你刚想捕捉的瞬间，它就发挥快跑特技，逃之夭夭了。

人们熟悉的蝗虫能蹦善跳，一跳就可以超过身体长度的十几倍。这是因为它们的 3 对脚都很强健，特别是后脚的腿节肌肉特别发达。这种脚叫“跳跃脚”。具有这种跳跃脚的昆虫还有很多，如跳蚤、蟋蟀、蚱蜢等。其中跳蚤可以称得上是昆虫世界的“跳高健将”了，别看它 6 只脚小得像绣花针的针尖，体长也不过 3 毫米左右，但它每一跳就是自己身长的上百倍，而且每 4 秒钟就能跳一次，可接连不断地跳 3 天。

在昆虫世界里，还有一种俗称“土狗子”的蝼蛄，在泥土中挖筑隧道，过着穴居生活，因而前脚变得扁平而又粗壮，腿节十分结实，胫节也特别膨大，外缘还生着几个锐利的大“牙齿”，活像一对开山斧。昆虫学家把这样的脚称为“挖脚”。蝼蛄凭着它的脚能掘一米多深的洞，如果在土壤疏松的农田里挖掘水平坑道，一分钟就能挖10厘米，一旦遇到农作物的根、茎挡住了进路，它便毫不费力地用前脚切碎，当作自己的食物。所以，蝼蛄是农业生产的大敌。它以粗壮的脚挖土掘洞，严重影响了庄稼幼苗的生长，常使缺苗率高达10%。

寄生在人或哺乳动物体表的昆虫，如人虱、牛虱等，它们胫节的一部分与跗节和爪合抱，形成了一个小弯钩，这样的脚叫“攀缘脚”。虱子有了这种脚，就能牢牢地握持人或动物的毛发。

那么，生活在水中的昆虫，它们的脚又变成了怎样的形状呢？那就让我们看看栖息在淡水中的龙虱吧。龙虱身体呈流线型，中脚和后脚变得侧扁，后缘还生着一排整齐的长毛，能起到船桨的作用。龙虱以脚作桨，划水游泳，甚为活跃，可算作“游泳脚”，它不仅能改变游泳的方向，而且游速很快，甚至能追上小鱼。

大家熟知的螳螂，长着一对又粗又大的前脚，腿节特别宽阔，腹面中央有一条凹槽，槽的边缘生有许多锯齿，胫节腹面也有两列尖锐的锯齿，当弯折时，恰好嵌入腿节的凹槽中。当螳螂捕捉到比它灵巧的知了、蚱蜢、蝗虫时，能把猎物紧紧地夹持于“锯”下，使它们动弹不得。螳螂这种能巧妙捕食的脚，叫“捕捉脚”。

如果能窥视一下螳螂用它的捕捉脚猎食的情景，则别有一番情趣。法国著名的昆虫学家法布尔在他撰写的《昆虫记》中，为我们描绘了螳螂捕食蝗虫的生动场面：螳螂看到一只灰色大蝗虫，忽然摆出可怕的姿势，张开翅膀，斜斜地伸向两侧，后翅直立，形如船帆，身体的上端弯曲，像一条曲柄，并且发出像毒蛇喷气的声音，全身重量都放在后面4只脚上，身体的前部完全竖起来，一动不动地站着，眼睛盯住了蝗虫，蝗虫稍稍移动，螳螂即转动它的头。这种举动的目的很明显，是要将恐惧的心理纳入牺牲者的心窝深处，在未攻击以前，就使它因恐惧而瘫痪。果然，蝗虫丝毫不动地窥视着它，虽然它原是昆虫世界中跳高跳远的冠军，到那时竟想不起逃走，只是傻愣愣地伏着，甚至莫名其妙地向前移动。当螳螂到可以够得着的时候，就用两爪猛击，两条锯子重重地压下来。这时蝗虫再抵抗也无用了，终于成了它的猎物。

螳螂的捕捉脚确实厉害得很，有人在南美洲看到几种大螳螂，居然敢向比它们大好多倍的青蛙、蜥蜴和小鸟发动进攻。螳螂具有了这对捕捉脚，性格就更为勇悍了。

在千姿百态的昆虫脚中，蜜蜂脚的构造是十分精巧的，它的脚有许多便于采集花粉的特殊结构。蜜蜂的后脚跗节格外膨大，在外侧有一条凹槽，周围长着又长又密的绒毛，组成了一个“花粉篮”。当蜜蜂在花丛中穿梭往来采集花粉时，那毛茸茸的脚就沾满了花粉。然后，由后脚跗节上的“花粉梳”将花粉梳下，收集在“花粉篮”中。据估计，一只蜜蜂每出征一次，带回来的花粉多达500万粒。所以，蜜蜂的这种能携带花粉的脚，就叫“携粉脚”。

昆虫的脚还有许多出人意料的作用。大家知道，一般动物都是用嘴来判断食物的滋味，然而，有些昆虫的味觉器官却长在脚上。捉一只蝴蝶，把它的双翅叠起来，小心地用夹子夹住，让它饿上两三天，然后，用沾有糖水的棉花球碰碰它的跗节，你可以看到蝴蝶马上会伸出它的长喙，准备吸吮食物了。要是换用干棉花球接触它的跗节，就看不到有这种反应。即使你用针拨开它卷曲着的长喙，浸入糖水中，蝴蝶也会立刻缩回长喙，尽管再饿，对糖水还是无动于衷。可见，蝴蝶的味觉器官在它们的脚上。除了蝴蝶是用脚来感觉食物滋味外，苍蝇的跗节上也有味觉器官，也是靠脚来辨别滋味，寻觅爱吃的食物。

蟋　蟀

蟋蟀、螽斯、蟑螂等昆虫的脚还有听觉作用。它们的前脚上有一个与外界相通的裂缝，里面生有一个能感受振动频率和强度的听觉器。别看昆虫的“耳朵”长在脚上，可灵敏度却很高，能感知周围极其微弱的振动。蚱蜢脚的本领更大，它的后脚还是一个发声器，能用脚来摩擦紧绷着的翅膀，发出阵阵清脆的鸣声。

在南美洲生活有一种不大惹人注意的小昆虫，体色深褐，个儿小巧，它们的前脚跗节长得很肥胖。原来，里面暗藏着115个圆形的比重腺。这种昆虫能像蜘蛛一样造丝，不过它们是靠前脚来回摆动，使丝腺中的分泌物排出来形成丝线的。它们织成网状坑道，就安安稳稳地在里面生活和繁殖。这种能用脚织丝的昆虫，叫足丝蚁。

一般来说，善于飞翔的昆虫体型大多呈流线型，为了减少飞行阻力，加快飞行速度，往往在飞行时把3对脚紧贴在身体上。奇怪的是，有些昆虫在飞行时却偏爱绷直着脚，有的甚至把脚向前伸去。例如尖胸天牛，它们在飞行中就爱把前两对脚伸向前方。昆虫学家们发现，在这些昆虫脚跗节末端分布有触觉器官，可以探测迎面而来的气流情况。

在危急情况下，有些昆虫会牺牲自己的脚以求活命。当你捉到一只蚱蜢，捏住它的一只脚时，它会在拼命挣扎的时候采取“残体自卫”技术，自己断掉腿而溜之大吉。

昆虫的脚还具有惊人的抓力和拉力。近年来，科学家们对这一现象也发生了浓厚的兴趣。有人曾做过这样的实验：把一只体重不到0.7克的螳螂，用一根线系住它的胸部，将它悬挂起来，然后，让它抓一块表面较粗糙的物体。结果发现，螳螂的脚居然能抓起比它本身重53倍的物体。说起昆虫脚的拉力，就更令人吃惊了。金龟子能用脚牵引比它重20倍的物体，蝼蛄能用脚拉动比它本身重530倍的物体，一只小小的蚂蚁也竟能用脚拖着超过自己体重30倍的物体前进。

昆虫的脚越来越引起了科学家们的重视。科学家想通过对五花八门的昆虫脚的研究，为仿生学增添新的一章。

蝙蝠到底能看多远

作为哺乳类动物中唯一能飞的动物，蝙蝠虽说长得有些对不起观众，但却是热带雨林中的一名忠诚卫士。

蝙蝠能“播撒”树种，传授花粉。有的食虫蝙蝠还能控制害虫的数量：它们一小时能吃掉600只蚊子大小的害虫。如果雨林失去了蝙蝠，整整一批热带植物和树木就不可能生存。

与鸟不同，蝙蝠身上长的毛不是羽毛。而且鸟特别依赖于视力导航搜寻食物，但蝙蝠习惯于用“耳朵”和回声定位来确定食物的位置。有句俗语说“像蝙蝠一样瞎”。其实不然，所有的蝙蝠都有视力，但是研究者迄今未能弄清蝙蝠究竟能看多远。

蝙　蝠

跟海豚和鲸一样，蝙蝠先用超声波脉冲锁定飞行路上的食物，确定下食物的大小、形状，然后再互相联系。其回声定位超乎寻常地准确，特别是在夜间，它能在伸手不见五指的夜晚探测到似人发丝大小的昆虫。当蝙蝠瞄准食物时，回声脉冲激增，食物于是被捕获到。

回声定位分两个过程：高频声发出，然后接收并分析。经过喉部发出声响，再通过嘴或鼻把它“说”出。有些蝙蝠甚至扣动舌簧，蝙蝠的超声波叫声的频率在 20 ~ 100 千赫，它们的叫声每秒能传近 340 米远。计算发出和回收声波的时间差，蝙蝠就能确定食物的远近。

科学家至今仍不明白靠回声定位的动物是怎样在大脑中解决这些复杂的数学问题的。

生物学家研究蝙蝠的唯一方法先是捕捉蝙蝠，然后在蝙蝠背上装一个无线电发射器，跟踪它们飞的地方，弄清楚白天在什么地方歇脚，深夜又倒挂在什么地方消化食物。

“瞎蝙蝠”何以能够进行如此准确的目标定位？此谜吸引了众多生物学家对其进行追踪研究，但时至今日却仍未有任何重大突破。

雄海马生儿育女之谜

在动物世界中，由雄性独自承担本由雌性孵卵任务的种类屈指可数，海马就是其中具有代表性的一例。

这种既当爹又当娘的海马实际上是一种鱼，因其头部有些像马，加之生活在热带海洋，因此俗称海马。

海　马

海马一般只有10厘米长，全身无鳞，体表被骨板包围着，所以外表看去有一个坚硬的甲胄，身体无法弯曲。海马的躯干呈七棱形，尾部呈四棱形，尾巴细长，末端能伸屈自如，当海浪汹涌时，它的尾巴就可钩住水草，免得被大水冲走。

海马主要生活在热带海洋，品种繁多，如冠海马、日本海马、澳洲海马，这些名贵的海马在中国沿海都能找到。

海马是一种比哺乳动物低级的动物，它的全身长着凸起的丝状物质，在海水中轻轻地飘荡着，乍一看去，真像是一丛水生的藻类。海马的游泳姿势也很特别，头朝上直立在海水中，背部拱起的鳍很像一面锦羽，不断地做波浪式摇动，此外，它还可做直立式游泳，直立时既可保持身体平衡，又可慢慢前游。

雄海马在第一次性成熟前，身体会发生些奇妙的变化，尾部腹面两侧长起两条纵的皮褶，随着皮褶的生长逐渐愈合，一个透明的囊状物，即孵卵囊便发育成熟了，这就是奇特的育儿袋。

每年春夏之交是海马最兴奋的季节，它们在无边的大海中追逐着，各自寻找着自己的意中人，作为这场追逐游戏的主角，雄海马肯定得想点什么法子去吸引雌海马吧?

大家都会遵守这个规则，原来，雄海马吸引异性注意的正是腹部的育儿袋，那东西是透明的，雄海马就是带着它出去四处炫耀，它的意思很简单，看吧：我这育儿袋又大又好，保管能孕育出好后代。

这种炫耀并非很顺当，雌海马是得关注这个育儿袋，然而，也许担心雄海马只是提个口袋四处借粮的闲汉，它还得等等。

雄海马在一处碰壁以后，毫不气馁，又拖着它的空口袋迅速游到下一个雌海马跟前，继续纠缠，让对方仔细欣赏它的育儿袋，直到终于有一个对象看中了这条口袋。

一条育儿袋把雌雄海马紧紧地连在了一起，育儿袋没问题，雌海马相信自己的直觉，雄海马的目的也与育儿袋一样，是透明的，而它们的爱也是纯净的，不用多说，雌雄海马的尾部很快就缠在了一起，腹部相对，它们不是在做爱，而是在做一件细致的活儿，雌海马小心地在排卵，雄海马正在用育儿袋接着。

雌海马的性高潮是针对育儿袋而发，雄海马刺激雌海马不过只是让其尽快排卵，越多越好，它的育儿袋至少可以装 200 个左右的卵。现在，是该收回的时候了，雄海马于是分泌出了稠稠的黏液，把开口封住，心满意足地离开了。

在此后的一个半月左右的时间里，雄海马得时时处处小心谨慎，它现在不能再像一个单身丈夫那样四处晃荡，它已被赋予“妈妈”的角色，造物主是这样安排的，至少最初是这样，有意要把它变成一个名副其实的孵卵器，至于造物主以后会不会改变主意，那可说不准。

雄海马慢条斯理地给育儿袋中的卵受了精，在这条初始透明的袋子的内皮层中，有很多枝状的血管，同胚胎血管网相连，供应胚胎发育时需要的营养和氧气。

雄海马的孕育期大约有 20 天，这对一个本该是“父亲”角色的雄海马来说，不算是一个轻松的“月子”，所以等到快分娩时，它早已疲惫不堪，但它没有忘记自己特殊的角色，它现在还是一位“母亲”。既然身为“母亲”，总得要忍受些意外的烦心事，艰难的孕期都过了，现在不过是产子，忍一忍就算完成了。

雄海马“妈妈”把那条早已无力的尾巴缠在了海藻上，这样可以保证用力生产时不会出大的意外，雄海马开始用劲儿，本能地依靠着肌肉的收缩，不停地前俯后仰，每次伸屈般的摇摆一次，身体就向后仰一次，育儿袋的袋口也就随之开启一次，小海马于是被一连串的动作弹射出体外。

海马的繁殖能力极强，一年要产卵 10～20 次，每次孵出小海马 30～500 尾。海马——一种由雄性孵化的低级动物因此至今长居海洋。

海马是以其独特的交配和繁殖方法引起人们兴趣的，而且，它的药用价值极大，奇怪的是，世上能产独具特效药物的动物，它们的性生活都有些奇奇怪怪，令人匪夷所思。

先有蛋还是先有鸟

当一对鸟夫妻经过浪漫的热恋后，它们便开始建造自己的家。和人类一样，鸟类里有许多能工巧匠，它们把巢筑得既结实又漂亮。用来筑巢的建筑材料也十分奇怪，像牛毛、绳子。银箔、地衣、苔藓、羽毛、柔软的树枝等都成了它们筑巢的材料，为了收集到这些材料，鸟类可能会飞来飞去几千次。雌鸟把蛋产在温暖舒适的巢里，亲鸟用自己的体温保持卵的温度，使卵孵化。在合适的温度下，受精卵先是出现明显的眼睛，接着心脏开始跳动，然后开始长出细细的羽毛，继而长出眼睑，眼睛紧闭着，蛋黄慢慢消失，孵化期满，小鸟用嘴从里面啄破蛋，发出叫声，宣告自己的诞生。刚孵出的雏鸟发出第一声鸣叫，嗷嗷待哺，亲鸟飞出去四处觅食。经过一段时间的哺育，小鸟第一次振动翅膀，开始练习飞翔。独立后的小鸟就开始自己觅食，永远地离开出生的鸟巢，它要组织自己的家庭，完成鸟类周而复始的生命循环。

鸟

游得最快的鱼类

旗鱼是举世公认的游得最快的鱼。虽然它分布在地球上的各个海域，但由于许多实际的困难，要确切地测得这种鱼的最高游速是很困难的。

在美国佛罗里达海岸的长礁外面，曾测量到一条旗鱼的游速是每小时

109.43 千米即 3 秒中游 91.4 米。剑鱼也是游得很快的一种鱼类，但是剑鱼游速却是通过剑鱼刺深深戳入船只水下部分的船板而估算得知的。由一条剑鱼的刺戳入船板 55.88 厘米可算出这条鱼在当时的游速是每小时 92.696 千米。一条长 109.2 厘米的刺鲅鱼的游速可达每小时 76.92 千米。

旗 鱼

昆虫为爱“献身”之谜

在大多数的昆虫身上，我们都能看出它们种种挖空心思的求爱技巧，萤火虫靠它们的亮光，蟋蟀借助它们的音乐，蜜蜂靠它们的舞蹈，只有黑蚊蛉现实一些，一只雄性只有保证得到足够大而且味道也不错的食物方可获取异性的垂青。但有些昆虫的性爱通常要惊心动魄得多，交配还未完成，雄性却经常已经成了异性的口中之食。显然，只有在交配时三心二意的雄性能逃脱性爱的陷阱。

在昆虫当中，比如螳螂、蟋蟀，都有着令人难忘的雌雄求爱的现象，但它们好像都同时实行着某种远古时代蛮荒的家规，即雌性在满足了自己的性欲之后，就会毫不犹豫地将对方吃掉。

蟋 蟀

研究者这样认为：雌性在完成性交后，还需要充足的蛋白质食料使卵成熟，所以，只好让完成种族天职的雄性作为牺牲品！

我们先了解一下蟋蟀的交配过程吧！

在昆虫中，有些是用棉花做袋来安家，有些是用树叶做成篮子，但这些奇妙的“家”可能会因季节改变而早早就废弃了，只有蟋蟀，在成年后还拥有固定的住所，这可是它们心灵手巧的长年劳动所建成的。

当四周完全平静时，蟋蟀可就要开始坐在家门口拨动它的琴弦了。这时大概是4月，先是零零星星地唱，声音略带羞涩，不久，其他的蟋蟀渐次加入，一支为季节而歌的合奏曲就这样在地下轰鸣，好像每块泥土下都有歌唱者，这是万象更新的季节，蟋蟀在为这个动情的季节而讴歌。

它们的鞘翅不停地发出“克利克利”的震颤声，柔和、圆润、响亮、清丽，富有节奏感。

这种歌唱一直要延续到求偶季节。

5月大概是集体婚配开始的大好日子，这时的雄蟋蟀开始唱起了为女伴专门准备的曲子，歌声偶尔会突然中断，像集体歇气，不过间隔不长，又齐齐发出低低的震颤音。母蟋蟀被如此的激情所打动，从隐蔽的地方爬了出来，它不再不好意思了！

雌蟋蟀实在是忍不住了，它想要交尾！这可不是什么丢人的事儿，也用不着遮遮掩掩。

雄蟋蟀很快抱住了雌蟋蟀……

其实，这时候危险正一步步靠近，正当雄蟋蟀沉浸在无穷无尽的交配缠绵之中时，雌蟋蟀突然张口咬了毫无防备的对方一口，雄蟋蟀正待反抗，可雌蟋蟀又抢先推开了雄蟋蟀，顺势一口，又把雄蟋蟀唱歌用的鞘翅撕碎，这一切来得太突然，刚刚还是亲爱的伴侣，猛然间风云突变，心爱的人已变成嗜食生肉的“美女蛇”。

雄蟋蟀好歹退开了去，不过它逃不了多远，雌蟋蟀追得很紧！即使雄蟋蟀能逃脱其好斗的伴侣的牙齿，它也已经不再有用，很快就会死去！

这就是雌雄蟋蟀之间交配的绝命之舞！很多细节我们来不及弄个清楚，只是知道雄蟋蟀赖以求爱的器官被咬掉了，不管它死不死，它都不可能在完成半截子交配经历后，还有办法去引诱其他雌蟋蟀了。

雌蟋蟀在吃掉它的配偶以后，精力饱满，心情舒畅，进入6月，它开始排卵——把排卵管垂直插入土中，经过了很长时间，它才艰难地拔出来，漫不经心地把孔洞的痕迹抹平，作为伪装。

一堆蟋蟀卵就这样产下了，几个星期后，这个雌蟋蟀曾待过的地方便会生出很多小蟋蟀了。

再让我们重点看看蜘蛛是怎样婚配的吧！这是夜幕降临后许多悲壮感人的故事之一种。

蜘蛛属于节肢动物，共有4万余种，在它们的胸部，长有8条腿，腹部有3对构造复杂的丝囊，上面有许多纤细的丝管。享有“建筑大师”美誉的蜘蛛正是从这些近1000个丝管中生产出了它们所需要的丝状材料，这些材料，既可织网，也可做陷阱、网巢、育儿袋以及通信线路等。

蜘　蛛

蜘蛛是近视眼，也无耳朵，有关蜘蛛的故事基本上都发生在黑夜。

一个缀满星星的晚上，地上可是静得只有蟋蟀的叫声，蜘蛛是喜欢这般美好的夜晚的，它刚出来，也许刚睡醒，也许已吃过了晚饭，总之它准备开始布置一个婚礼。

星星似乎越来越亮，机灵地眨着眼，提示着蜘蛛，这样的夜晚，一定会有什么事儿发生的。

蜘蛛当然有事，是喜事。

这是一只雄蜘蛛，经过无数个夜晚的守候，雄蜘蛛知道命中注定的那场婚礼正逐渐拉开了大幕。

不大一会儿，打扮一新的梦中情人终于现形。

在漫长而复杂的求爱仪式后，它们面对面地站在了一起，隔着一道情网，经过长时间的交流，它们的矜持开始退在一边。雄性蜘蛛突然有些难以自持，热情而奔放地伸出了自己的前肢，去试探着它那位恋人的身体。

雌蜘蛛果然有些激动不安起来，这是一个可以继续进攻的信号，雄性蜘蛛显然受到了鼓舞，再次用腿和触须去轻轻抚摸对方的身躯，雌蜘蛛还是本能地产生了恐惧，它的触须迅速地抓住了一根丝绳，一连向后翻了好几个跟头，表演了一段演技很高的杂技功夫以后，雌蜘蛛不由自主地将下腹亮了出来，这是明确的一种信任了，雄蜘蛛赶紧抓住时机，齐齐伸出触须抚弄着雌蜘蛛。

接下来的紧张情节就不用多说了。

看看它们这温文尔雅的恋爱的尾声吧！求爱者长途跋涉的目的已达到了一部分，它现在情绪高涨，精神极度亢奋，再看雄性蜘蛛，早已力不从心，似乎心不在焉了。

这是怎么回事呢？原来雄性蜘蛛已开始准备逃跑，好像是在它的背后有索命的魔鬼在追赶，果然，在它还没有完全反应过来时，雌蜘蛛突然一反刚才的温柔常态，露出张牙舞爪的真面目，它的注意力也早已不在性交这件事，而是要运用全部的力气，将雄蜘蛛吃下！

婚姻是爱情的坟墓，蜘蛛就是这样理解的！雄性的蜘蛛为了爱情，搭上小命，而雌性蜘蛛为了爱情，需要进点食，并把吃不完的部分留给孵卵用，这是完全可以理解的。

新娘交配完了，又吃了大半个雄蜘蛛，这下该开始编织自己的网了。有了食物才能有丝，有了丝才能得到食物。另外丝还可编织卵袋，孵卵可只是雌蜘蛛单独干的事。

蝎子

再看看蝎子，每当进入繁殖季节，雄蝎子便迫不及待地开始寻找理想的洞房，它会花上适当的精力来布置这个日后将作为坟墓的洞房。雄蝎子兴高采烈地等待着交配之夜，它并不是不知道步入新房的花烛之夜，实际上也就是走向死亡之时，然而，它还是一意孤行。

这个过程不用多说，在蝎子这个以雌性为中心的动物种群中，雌性总是爱情的最大赢家，因为它们只不过遵照祖宗的成法在交配之后把自己的夫君残杀，并吞食得干干净净，似乎在它们的法典中，交配过的雄蝎子已毫无用处，并且会玷污它们种族的名声。

很少雄蝎子能活过新婚之夜，交配对于雌蝎子来说，也许是挺费体力的大事，它需要补充能量，它来不及走远去寻食，所以就找嘴边就近的吃，有些雄蝎子甚至活不到交配完成。交配中的雄蝎子一下变得老实起来，它的全部精力都花在了交配这件事上，所以，当在拥抱接吻的时候，也就是它最感到甜蜜和幸福的时候，它的头和颈已被雌蝎子一点点地啃去，然后是身子。

雄蝎子一般不会反对被吃掉，但试图逃跑过，也许它想到过爱情的快乐和生命两者都重要，然而交配通常就是要命的！也许它看破红尘，宁愿及时行乐，在巅峰中死去。

不管雄蝎子怎样想，在客观上它实在只起了个繁衍种族的作用，它不会怀胎产卵，便失去了更高的使命，这时，它唯一能做的便是作为美味滋补品，这大概也就是它最后所能做的最大贡献了。

蝌蚪尾巴自动脱落的奥秘

科学家们经过研究发现，在生长过程中，细胞自身可能已经被编制好了一道“程序”。在这个“程序”的控制下，哪些细胞该自动死亡，都已经被精密地计算过了。由此看来，蝌蚪的尾巴细胞便在规定的时间自动死亡。大自然中还有一些类似的例子，例如在冬天到来之前，大树之所以会自动落叶是因为在发育的某个阶段，枝芽中间的某些细胞自动死亡了。人类胚胎时期的小拳头会逐渐分为五指，也是因为这个原因，否则不就变成鸭蹼了吗？

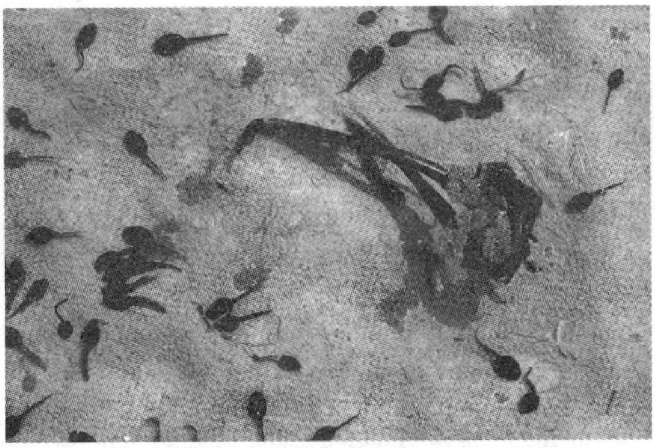

蝌 蚪

科学家们称这种细胞按照程序死亡的现象为“细胞凋亡”，或者“程序死亡”，认为这可能是受一种“自杀基因”的控制。“细胞凋亡学说”对于研究肿瘤的生长和消亡具有非常重要的理论意义和实际价值。肿瘤细胞本是应该自动死亡的，可是在这些细胞内的

"程序"出现了问题的情况下，"自杀基因"不能行使自己的功能，以至于它们竟不听"指挥"，反而持续不断地扩充壮大，无序生长，越繁殖越多，从而无限制地繁殖下去。

科学家们设想，假如可以设计出某些有效药物，提醒那些应该"自杀"的细胞死亡的时候已经到了，或者诱导肿瘤细胞自我凋亡，使"自杀基因"清醒，到了那一天，人们也就不会"闻癌色变"了。

癌症的死亡率在现代社会中一直居高不下，虽然科技不断进步，医药事业发展迅猛，但目前人们对这个"黑色杀手"——癌症却依然无可奈何。如果上文中所提到的科学家们的设想可以成真，人类就可以彻底战胜可怕的癌症，那么我们在神秘莫测的自然界面前便又会增加一份自信和勇气。

企鹅为何有翅不能飞翔

古生物学研究表明，企鹅出现在5000万年前的第3纪，但是迄今为止仍未发现4500万年前的企鹅化石，因此进一步的论证陷入了停滞状态。谈及企鹅的起源，大家都很关心究竟是企鹅的祖先本身就不会飞呢，还是企鹅原本会飞，后来在进化中改变了生存方式呢？

科学家们指出，企鹅有一个突出的特征，说明它的祖先可能会飞，这就是因为它的身上存在着尾踪骨。

鸟类的祖先是蜥蜴型的，它们继承了一个鞭状的由脊椎骨组成的长尾巴。

在进化过程中，受流体动力和运动的影响，鸟的尾骨逐渐缩短，最终缩成一块小的骨节，用来支持呈扇形排列的尾羽，即尾踪骨。

从最早的始祖鸟到所有现代鸟类都有尾踪骨，企鹅的尾踪骨无疑是其祖先会飞翔的证据。

同时，企鹅的许多特征都表明它的祖先会飞翔。企鹅的鳍翅尽管变成了桨状，但仍属飞翼，这种腕和掌骨形成的联合结构适合于飞羽翩羽的附着，这正是飞翔所必需的结构。虽然企鹅早就没有翮羽了，但支撑翮羽的结构依然存在。不仅如此，企鹅胸骨的许多特征也和飞翔鸟相似，比如有明显的龙骨在企鹅的胸骨处凸起，这正是飞翔肌肉所附着的地方，而且，飞翔鸟的小脑很发达，这是由于在飞行中，它们需要迅速调节肌肉的活动及协调身体的动作，而企鹅的小脑也相当复杂而且发达，这也应该是祖先会飞的一个遗迹吧。此外，企鹅同翅膀发达的飞翔鸟一样，都是把喙插在翅下睡觉的，不会飞的鸟一般不会有这种姿势，这说明必然有某种关系存在于企鹅和飞翔鸟之间。

企　鹅

也有人不同意这种观点。科学家孟兹比尔认为鸟类的起源不是单一的，与其他鸟类不一样，它们是单独从爬行类动物演变来的，它们的祖先并不会飞翔。企鹅的鳍翅是一个爬行类的前肢在水下的直接应用，而不是所谓的翅膀的变异，它并不像飞翔的鸟一样经历过飞翔的阶段。

近年来，在研究南半球的企鹅和北半球的已经灭绝的海鸦的构造之后，鸟类学家们认为企鹅和美洲沿岸发现的海鸦化石之间可能有着密切关系。

海鸦化石有3000万年的历史，故有的学者提出企鹅起源于北大西洋海鸦，而这些海鸦都不会飞行。海鸦与企鹅的骨骼体形方面有许多相似之处，在适应水面游泳和潜水方面表现得尤为突出。孟兹比尔的理论似乎得到了论证，但仍存在一个问题，就是很难判断它们之间的亲缘关系。因为它们一个位于北半球，一个位于南半球，而且它们的化石几乎是在同一个时代出现的。

撇开以上理论不说，假设现今的企鹅真的是由会飞的海鸟进化而来的，那么，企鹅究竟从什么时候开始不会飞的呢？据说，在距今两亿年前，地球上有一个冈瓦纳古陆是由若干大陆组成的，冈瓦纳古陆开始分裂和解体，从中分出南极大陆，并开始向南漂移。此时，有一群鸟发现漂移的南极大陆是一块生活乐园，于是它们就降落到这块土地上。起初它们生活得很美满，可是随着这块大陆不断南移，气候越来越冷，生活在大陆上的鸟儿们的身体构造也发生了变化，以适应气候的变化。最终，南极大陆盖上了厚厚的冰雪，除了企鹅的祖先，原来种类繁多的生物大批死亡。在冰雪茫茫的陆地上，它们找不到可吃的东西，只好到茫茫的海洋里去寻找食物。它的翅膀退化后，就不会飞翔了，也渐渐开始直立行走，经过漫长的岁月，终于演变成现今企鹅的模样。

这种说法也有些科学根据，尽管听起来像故事。在南极洲，古生物学家曾发现类似企鹅的化石，它高约1米，体重约9千克，或许这个具有两栖动物特征的企鹅化石就是企鹅的祖先。对企鹅起源及其演变的科学解释由于缺乏足够的证据，目前动物学家仍无法完整地揭开这个谜。

匪夷所思的蚂蚁行为

科学家们发现，生活在南美洲的蓄奴蚁竟然是靠掠夺、蓄养奴隶为生的，它们就像是我们人类社会的奴隶主那样实行王国统治的。蓄奴蚁是一种非常强悍的蚂蚁，它们没有兵蚁、工蚁之分，几乎所有的工蚁都变成了兵蚁。这些蓄奴蚁大都懒惰成性，从不进行造巢、抚幼、觅食、清洁工作。看到这里，读者不禁要问，它们是如何生存的呢？

蚂　蚁

原来，蓄奴蚁都勇猛好战。它们通过发动战争，闯入其他蚂蚁的巢穴，将其他蚂蚁的幼虫和蛹掠夺过来抚养长大，使它们最终成为蓄奴蚁蓄养的“奴隶”。像蓄奴蚁懒得去做的如造巢、抚育幼虫、觅食、打扫卫生等种种繁重的工作都会让它们去做。由于“奴隶”蚁寿命很短，为了补充“劳动力”，蓄奴蚁就会不断发生战争。

一种叫红蚁的蓄奴蚁长期过着“剥削”的生活，它们衣来伸手、饭来张口，懒惰成性，竟然丧失了独立生活的能力。这种蓄奴蚁宁愿饿死也不肯自己张口取食，就算食物在眼前也要“奴隶”蚁侍候着喂食。

蚂蚁虽小，可它们的力量却不可忽略。有人曾在非洲看见一只大老鼠不小心闯进了蚂蚁的阵营，几秒钟之内，这只大老鼠的身上就爬满了黑色的蚂蚁。一会儿工夫，只见地上血淋淋的鼠肉连续不断地被运回蚂蚁巢穴。5 小时之后，那只活蹦乱跳的大老鼠就只剩下一副骨头架子了。

在南美洲的热带丛林里，生活着很多种类的蚂蚁，其中最厉害、最凶猛的当属食肉游蚁了。当食肉游蚁来“拜访”人类住宅时，人们就得提防着它的攻击。尽管它们会让人心惊肉跳，但房屋一经它“光顾”以后，屋里的蟑螂、蝎子等害虫就会一扫而光，其效果是杀虫剂也比不了的。

在草丛里，食肉游蚁若碰上了别的动物，它们就会成群地聚集起来，群起而攻之。一次，食肉游蚁遇上了一条睡在草丛里的毒蛇，它们立即把毒蛇团团围住，并逐渐缩小包围圈。然后，一些游蚁冲上去狠狠地咬住毒蛇。蛇受痛惊醒过来后，会凶狠地向四周冲撞，可是食肉游蚁并不放松，迫使它不断退缩回来。游蚁们同毒蛇扭成一团，边咬边吞食着蛇肉。这样，只需几小时，地下就只剩下一条细长的蛇骨架了。

蚂蚁非常聪明，其自身有一种化学信息素会在蚁群的集体行动中发挥出神奇的作用。搬运食物时，它们会散发出气味，形成一条“气味走廊”。它们还能发出警戒激素，接收到这种警戒激素的蚁群就会做好防卫或逃离的准备。

有一次，几只蚂蚁一起抬出了一只强壮的蚂蚁。这只蚂蚁一次一次地爬回到蚁巢里，但很快又被蚁群一次一次地抬出洞外。这是怎么回事呢？

原来，那只蚂蚁身上沾上了死蚂蚁的气味，回巢后，引起了蚁群的误会，蚂蚁可不允许洞内有“死亡气味”，也不管你是死是活。

于是，众蚂蚁把它当作死尸抬出洞外不管它如何挣扎，直到它身上的那种气味完全消失了，才被允许回巢。

夏日里，人们常常能看到成群的蚂蚁在一团混战，一直杀得天昏地暗，蚂蚁为什么这样好战呢？原来，不同窝的蚂蚁身上都有一种独特的“窝味”，能分辨出对方是不是“自家人”。如果不是，就有可能厮杀起来。

如果其他同窝的蚂蚁看见了，就会立即赶来增援，一场血腥“大战”就这样开场了。原来，除了掳掠奴隶的蓄奴蚁外，别的蚂蚁也一样好战。有趣的是，如果去掉正在拼杀的蚂蚁身上的“窝味”，它们便会相安无事地走开。如果把同窝的一只蚂蚁沾上香料让它回到窝中，那么同窝的马上会把它当作异己分子驱赶出去。

人们发现了一个有趣的现象，蚂蚁经常会跟在蚜虫后面。经过研究后才知道，蚜虫在蚂蚁触角的按摩下，会分泌出“乳汁”。担任“运输工”的蚂蚁就会从伙伴手中接过乳汁，运回巢中。在蚂蚁的按摩下，有些蚜虫能不断分泌蜜滴。例如，一只椴树蚜虫能分泌 23 毫克蜜汁，超过自身体重的好几倍。

最大的黑树蚁——“嗉囊”的平均容量为 2 立方毫米，而褐圃蚁只有 0.81 立方毫米，全体“搬运工”要将 5 升蜜滴运回蚁穴就必须往返数百万次。负责按摩的“挤奶员”占蚁群总数的 15% ~20%，它们每天要“挤”25 次“奶”。

蚂　蚁

一棵老树根上大约有 2 万个黑树蚁家庭营巢，它们能在一个夏天得到寄生在豆科植物上的蚜虫分泌的高达 5107 立方厘米的“奶汁”。为了保证蚜虫的生活，蚂蚁会不惜花费大力气来修建“牧场”。

在聚集大量蚜虫的枝条的两端，它们用黏土垒成土坝，形成一个牧场，土坝上开的两道缺口就是牧场的“入口”和“出口”。为避免有“小偷”混入，两边“拱门”都会有蚂蚁重兵把守。当“牧场”的蚜虫繁殖过多时，蚂蚁就会把多余的蚜虫转移到新的地方。为了保护和抢夺蚜虫，不同家族的蚁群经常会展开战争。

令人费解的是，没有蚂蚁的地方绝对找不到斯托马菲奈夫蚜虫。蚂蚁甚至会把蚜虫的越冬卵也保存在蚁穴里，像照顾自己的孩子一样照顾着虫卵。春天，蚂蚁会把从卵中孵化出的小蚜虫小心翼翼地护送到幼嫩的树梢上。

研究者发现，没有蚂蚁有力的按摩，斯托马菲奈夫蚜虫就不会产生蜜滴，而这些蜜滴又是蚂蚁们的“佳肴美食”。

让科学家感到惊讶的是，有的蚂蚁还会种蘑菇，这就是生活在南美的一种切叶蚁。切叶蚁整天在枝叶繁茂的大树上爬来爬去，如果相中了哪一棵果树，它们就会用大颚切光满树的叶子，只剩下光秃秃的树干。

所以，果农们对这些破坏树木的家伙讨厌极了。不过，切叶蚁并不喜欢吃树叶，而是把切碎的叶子搬回蚁巢，再用大颚将碎叶反复嚼成碎屑，堆入一间间的“蘑菇房”，还在其上排泄粪便并用来栽培蘑菇。不久，碎叶堆里就会长出一种小型蘑菇。

等蘑菇长大后，切叶蚁咬破蘑菇的顶部吸吮破口处分泌出来的黏液，这种黏液就是蚂蚁们的第一道菜。子实体表面积聚了很多蛋白质，会慢慢变得黏稠，这些蛋白质就是切叶蚁的第二道菜。有趣的是，年轻的雌性切叶蚁会在自己的“嗉囊”里装上蘑菇碎片去为自己另辟新家。雌蚁们在新家里种下带有孢子的碎蘑菇，孢子萌发后又会长出新蘑菇。

让人不可思议的是，这种小蘑菇只有在切叶蚁的蚁穴中才能看到。如果没有切叶蚁的帮助，它们肯定早就绝种了。看来，切叶蚁完全可以申请“种植专利权”了。

萤火虫是如何打“灯笼”的

夏天，空旷草地上的点点荧光会令你感到仿佛置身于一个梦幻世界，可是又有谁知道，这荧光却是雌雄萤火虫的爱情之光、交配之光。但是这些小家伙们是怎样点亮它们的爱情之光的呢？人们一直对此不甚了解。

在萤火虫的腹部藏有数千个发光细胞。这些发光细胞里含有两种化学物质——荧光素和荧光酵素。氧气一旦进入细胞便会促成这两种物质发生化学反应而发光。

科学家们把萤火虫置于一个空盒子里，随后在盒子里注入氧气和一氧化氮。之所以注入一氧化氮，是因为科学家们最近几年发现，一氧化氮是生物体内的一种极为重要的气体，在动物的诸多生理反应中，一氧化氮都是重要的信号分子。

增加空盒子里的一氧化氮，他们发现萤火虫的腹部开始闪烁并持续发亮，但当停止一氧化氮供应的时候，萤火虫的“灯笼”立即会熄灭。研究表明，萤火虫用于制造一氧化氮的酵素就在会发光的光细胞旁。

萤火虫

至此，科学家们得出推论：萤火虫体内的神经信号会开启一氧化氮的制造。当一氧化氮制造结束并送到光细胞以后，就关闭细胞里的线粒体，让氧气得以进入光细胞。

所以，关闭了“发电厂”——线粒体的同时，实际上也就点亮了萤火虫的灯光。

所有这些，都还是一些粗陋的推测及假想，要想有更深层次的了解，还有待于进一步的科学观察与研究。

无法长大的动物

苏格兰剧作家巴里爵士的《彼得·潘》塑造了一个永远也不愿长大的孩子：彼得·潘。在动物界里，也有彼得·潘征候群。

蝾　螈

南美洲的奇异詃蛙就是一例。这种蛙的蝌蚪长达25厘米，但变成蛙以后，身体不但不增大，反而缩小了很多。它和其他蛙类一样，尾巴融入体内，但它身体的总长不会超过7.5厘米。

墨西哥的钝口螈是否会成为

彼得·潘征候群的一员，取决于它所生活的环境。如果作为两栖动物一直生活在水中，它就能保持它幼时的形态，羽状外鳃和蝌蚪形状等都不发生改变，但它的生殖器官却发育成熟，能够交配并繁殖后代。如果钝口螈栖身的池塘干涸，它就会变为成体的形态，以肺代鳃呼吸，长成时身体长度可达 20 厘米。

彼得·潘征候群最明显的一个例子是美西螈，科学家对其研究也很多。

野生的美西螈仅存活于墨西哥城附近的苏奇密柯湖中。在阿兹泰克语中，“美西螈”是“水怪”的意思。

和其他两栖动物一样，美西螈幼年时在水中生活，长大后就到陆上生活。

美西螈外表看来像是蝾螈的幼体，但性器官却发育成熟，可以繁殖，多年来一直令人不解。

1865 年，法国科学家从实验中发现：美西螈确实是未成熟的蝾螈。有几条幼小的美西螈在实验室的水槽中自发变为成熟蝾螈，羽状鳃开始脱落，并且长出较长的尾巴。

为什么会出现这种情况呢？实验室的美西螈为什么不再拒绝长大？

科学家的进一步研究表明：在美西螈生活的水中加碘，可以诱导它发育成成体。

于是，结论就得出了。美西螈不是拒绝长大，而是因为它生活的环境缺碘从而使它缺少甲状腺激素：碘有助于刺激甲状腺分泌这种激素，从而促使美西螈长大。

但这并不是唯一的原因。身体受到震动，同样会产生这一结果：有些美西螈从一个实验室搬到另一实验室。途中颠簸，过后就变成了成体。

有时，即使没有显著原因，美西螈也会突然自发变为成体。

墨西哥湖区是美西螈的祖居，那里既有成体的美西螈，也有虽呈幼体却发育成熟的美西螈，而且幼体的数量远远超过成体的数量。科学家分析可能是两个原因造成的。

其一是湖水的成分含有某种引起彼得·潘征候群的物质。

其二可能是苏奇密柯湖周围土地干旱，寸草不生，荒凉的环境中没有充足食物养活成体蝾螈。美西螈只有保持幼体形态，才得以生存下去。

由此可知，彼得·潘症候群的动物们无法长大，实在也有它们不得已的苦衷。但是，它们的生存能力却让人不得不叹服。正如英国生物学家达尔文所言，任何恶劣环境都能适应的动物，种族延续得最长久。

遭受误解的长臂猿

在动物世界里，类人猿是生物进化的阶梯上最接近于人类的一类动物。类人猿共有四个不同的类别：猩猩、黑猩猩、大猩猩、长臂猿。在这四个类别中，只有长臂猿我国既有出产，又属于国家一级重点保护野生动物。其他三种我国不出产，只在动物园中有展出。

长臂猿

说起长臂猿，人们对它曾有过误解。一是以“猴”为“猿”。这个错误可能源于唐代著名的大诗人李白。他的一首流传甚广的诗作《早发白帝城》中写道：“朝辞白帝彩云间，千里江陵一日还。两岸猿声啼不住，轻舟已过万重山。”其实诗中所提到的“猿”，应当是“猴”，聪明的诗人将“猴”误认为“猿”了。因为在李白生活的年代，距今天仅1300多年，那时长江三峡一带的气候比现在暖和不了多少，远没有达到今天云南南部、西部或海南岛那样的暖和程度，还不适宜长臂猿在那里生活。二是将长臂猿的两只长胳膊误认为是贯通的，因而将长臂猿称为通臂猿，武术界模拟长臂猿的灵巧动作，编了一套拳术，就称之为“通臂拳”。动物学界早就通过动物实体解剖证实，长臂猿的两只长胳膊分别连接在胸腔的左右两侧的肩胛骨上，两者并不相连通。

长臂猿最明显的特征就是那两只长臂了。这两只长臂平伸可达1.6~1.8米。当长臂猿地下活动时，它的双臂可以触及地面，走起路来相当不方便。但是它极少触及地面，它的空间位置的移动主要靠两条长臂，它的这种活动方式被称之为“臂行法”。在“行走”时长臂猿的两只长臂交互移动，一只胳膊抓住树的枝干向前荡，另一只胳膊抓住前方的另一枝干，再松开一只胳膊向前荡，最远时一次能荡出十来米去，真是名副其实的“飞将军”。

长臂猿善“飞”，不只因为胳膊长，更与它的手掌构造相关。它的五指，大拇指短，而其他四指很长，在“飞行”时它不用大拇指，只用其他四指紧握树木的枝条。但当它爬树时，则离不开大拇指了。

长臂猿在树林中“飞”来“飞”去，除了它特殊的身体结构起作用以外，还与它的发达的大脑和敏锐的视力紧密相关。发达的大脑和敏锐的视力使长臂猿在“臂行”中能准确地抓住前方的树枝。

长臂猿不仅能“飞”，而且善“歌”。每天清晨，长臂猿都要引吭高歌。通常雌性猿先发出明亮的叫声，继而雄猿也以洪亮的嗓门儿应和，跟着它们的子女一齐加入合唱。声音很有规律，短声在前，长声在后，越叫越高，直至临结束时才减弱，最后以短促的一声结束。长臂猿每日一次的“晨练”，约长达 15 分钟左右，歌声远达数公里之外。长臂猿之所以善于高歌，在于它的喉部有发达的喉囊，喉囊极有弹性，可以胀得很大，因而长臂猿能发出很洪亮的叫声。

长臂猿的食物以水果为主，有时也吃点儿植物的花、叶和嫩芽。有趣的是长臂猿能做到“计划”用餐，它对自己生活范围内的果子，只采食成熟的，把生的留待以后采摘，从不干出像猴子那样不分生熟乱摘一气的事儿。

长臂猿一胎只产一仔，幼仔大约到 5 岁至 7 岁成熟。对于成熟的子女，它的父母相当无情，不允许再在家庭中生活，而把它们逐出家门，使子女成为“浪子”。这些浪子们在找到合适的配偶后，再组成新的家庭，建立新的生活领地，继而生男养女，繁荣自己的家族。

长臂猿可划分为八九种，生活在我国疆土上的有四种。一种叫白眉长臂猿，它生活在云南西部盈江、腾冲一带的山林中，因为它的眉额处有两条明显的白纹，好似白色的眉毛，所以称它为白眉长臂猿。这种猿在幼年时毛色呈白色，成年后毛色发生变化，雄猿的体毛呈黑褐色或黑色；雌猿的体毛呈金黄色，有的浅一些，呈乳白色。这种猿比其他三种长臂猿体型稍大一些，重约十余公斤。另一种叫白掌长臂猿，它主要生活在云南西部的西双版纳大森林中，但数量少得多。它因为不论雌雄，手腕、手背上都长着白毛，故而得名。但白掌长臂猿的体毛比白眉长臂猿的体毛颜色要复杂得多，不同的个体，体毛差别有时较大，总起来由米黄至浅棕、深棕，直至黑褐、纯褐色。多数白掌长臂猿脸上有一圈白毛，也有少数脸上只有大半圈白毛。它们的体型略小一些，体重一般在八九公斤左右。第三种叫黑冠长臂猿。之所以这么叫是因为这种猿头顶上长有一片向上直耸的黑色冠毛，这种猿主要生活在海南岛。雄性猿全身体毛都呈黑色，雌性的体毛为棕黄色，但它们的幼仔体毛都是白色的，因而幼仔从体毛上难辨雌雄。黑冠长臂猿在体形上比白掌长臂猿略小些，体重在七八公斤。第四种是白颊黑冠长臂猿，顾名思义，这种长臂猿除了头顶上有一片上耸的黑色冠毛外，双颊上还各有一片长长的白毛。这种猿在毛色与体重上与黑冠长臂猿再无其他明显的区别了。无论哪种长臂猿都没有尾巴。

除我国之外，缅甸、泰国、马来西亚、越南、印度尼西亚等地还分布着其他几种长臂猿。

不同种的长臂猿，其寿命差别不大，一般都在20年到30年之间。饲养在动物园中的长臂猿，由于生活条件较好一些，因而寿命还能再长一点。

豹中珍品——雪豹

雪豹是豹的一种，又称艾叶豹、打马热、荷叶豹。它的生活环境不像金钱豹那样广泛，它终年生活在高原地区，也就是生活在高山雪线一带，并由此而得名。雪豹产于中亚的高山地带，在我国则主要产在青藏高原、新疆、甘肃、内蒙古等地。雪豹原本应该生活在高山雪线以上，但是在冬季雪线以上雪豹难以觅食，因此也会下到雪线以下有人烟的地带觅食。一般在海拔1800～3000米的地方。到了夏季，为了追逐各种高山动物，比如岩羊、北山羊、盘羊等高原动物又上升到海拔3000～6000米的高山上。

雪豹大多生活在空旷并且多岩石、岩缝的地形中，它的体色恰恰也就适应了这样的生活环境。雪豹体表为灰白色，略微显出一些浅灰和淡青色，体表上还有许多不显眼和不规则的黑色斑点、圈纹。显得华丽珍贵、雪豹的体色是动物学家所公认的猫科动物之中最美丽的一种动物。正是由于雪豹的这种体色，与周围的环境特别协调，即使白天从它身边经过，也不易发觉，因此雪豹便于隐蔽猎食。这也是人们很难捕猎到雪豹的一个重要原因。

雪 豹

雪豹体型大小与豹相似，但头比豹稍小，体长 1.3 米左右。除了毛色之外，它的最大的特点是尾巴又粗又长，其长度约 1 米，几乎与身体差不多长了，尾毛蓬松而肥大。雪豹体毛比普通豹毛长，腹部的毛最长，背部的毛虽然比腹部的毛要短，但也有 6 厘米长。雪豹的体毛长且浓密、柔软，这也是雪豹极其耐寒的重要原因。一头雪豹体重约 30 ~ 50 公斤。雪豹属于岩栖性动物，在高山的岩洞或岩石缝间，有它们固定的巢穴，而且居住数年不换，以致身上落下的毛在窝内铺或了厚厚的既垫。雪豹夜间活动多成对栖息，黄昏或黎明时也很活跃，白天在洞穴内，不外出，人们很难见到它，因此也很难捕到它。生活在高山上的雪豹，凶猛机警，敏捷的程度连金钱豹也比不上。它的弹跳能力极强，三四米高的岩石，雪豹跳上去就像是走平地一样，十几米宽的山涧，可一跃而过，因此有“高山之王”的美称。

雪豹两岁多时性成熟，大约在二、三月间发情，五、六月间产仔，怀孕期大约为 95 到 105 天。一胎通常 2 到 3 仔。雪豹的寿命一般 20 年左右。

兽中之王——老虎

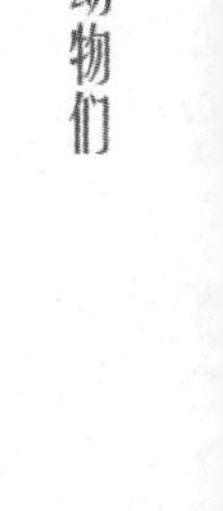

虎是亚洲最大的食肉猛兽。人们常称虎为“兽中之王”这也许和虎头

上的几条黑色斑纹有关，因为这几条黑色斑纹，看起来极像一个“王”字。在过去，人们把这些斑纹看作是老天爷赋予虎的“王”者头衔，于是虎在人们心中自然而然地成为“兽中之王”。随之而来年的是“虎口拔牙”“虎口脱险”“虎将”“虎威”“不入虎穴焉得虎子”“老虎屁股摸不得”等等有关虎的威风的词语纷纷被人们制造出来，且流传开来。

老虎

虎是体型最大、力气超群、最凶猛的猫科动物。虎分布于亚洲的许多地区，它的适应能力很强，寒冷的地区能生存，热带地区也能生存。由于虎生活的自然条件差异较大，多少年过去了，长期发展的结果造成生活在热带潮湿森林地区的虎与生活在干旱缺水的荒漠地区的虎，或者是生活在北方寒冷冰雪铺地的环境下的虎与生活在南方炎热地区的虎，形态上出现了一些比较明显的差别。而这些差异的产生就使得虎出现了许多亚种。那么根据哪些形态特征的不同来判定亚种呢？

在18世纪时，人们根据它的个体大小、毛色的深浅、体毛上的斑纹的疏密、体毛的长短、尾巴的粗细等方面的差异，分出了虎的亚种，有东北虎、华南虎、孟加拉虎、东南亚虎、爪哇虎、新疆虎、黑虎等，大约100年之后，爪哇虎、新疆虎、黑虎已经先后绝灭了。生活在中国的三个亚种虎为东北虎、华南虎、孟加拉虎。

东北虎是体型最大的亚种虎，在东北的乌苏里地区捕杀过一头东北虎，体重有384公斤，身长竟达410多厘米，耳大身长。可谓虎中老大。这只巨虎也许是人们见到的最大的东北虎了。一般来说东北虎体长180～350厘米，尾长100～150厘米，体重180～340公斤。它耳短且圆，耳的背面为黑色，中央有一块白色斑块。前肢外侧斑纹比较少，后肢斑纹较多，夏季体毛呈棕黄色，冬季体毛呈淡黄色。背部和体侧有许多条横向排列的比较窄的黑色条纹，通常两条互相靠近，形似柳叶，这是虎区别于其他动物的主要特征。东北虎的腹部和四肢内侧为白色，尾上约有10余条黑色环状斑纹，尾尖为黑色，虎皮上的这些斑纹在树林和草丛中可成为极好的保护色。东北虎全身的体毛比其他虎体毛长得长，尾毛也不例外，因此东北虎的尾由于毛长而显得十分丰满，比其他各亚种虎的尾看上去要肥大。

东北虎主要生活在我国东北小兴安岭、长白山等地区。它们没有固定的巢穴，白天在以红松为主的针叶、阔叶混合的森林中隐蔽睡觉，或在山崖间卧伏休息。夜间捕食，傍晚和黎明时也很活跃。如老虎的耳朵转向前方，就预示着老虎发现了目标，这是将要进攻猎物的信号。

东北虎

东北虎猎食的方式基本有两种：一种是在猎物经过的地方隐蔽起来，当猎物路过时，便猛扑过去。另一种方式是在猎物休息或专心取食的时候，便悄悄地靠近，到一定距离时便猛扑过去，这时猎物还没有弄清是怎么一回事，就已经成为东北虎的食物了。

它的犬齿极为发达，长约6.5厘米。大而尖锐，上颌最后一枚前臼齿和下颌第一枚臼齿，齿面突起像剪刀那样交叉，称为裂齿，这些特点对它经常食肉极为有利，便于撕咬食物。

别看东北虎在虎中体型最大，但由于它的脊柱关节灵活，走起路来脚爪又能收缩，脚上的肉垫极厚，行动时只有肉垫着地，悄无声息，反应又轻巧迅捷，所以它在捕食的时候常常可以得手。东北虎经常袭击大中型动物，以羚羊、野猪、野兔、鹿等动物为食，有时也吃一些带有酸甜味道的浆果。东北虎食量很大，一顿可食30公斤左右的肉，一次吃饱后可数日不食。

东北虎大多单独生活，它不会爬树，但喜欢游泳，算是游泳健将，在所有的猫科动物中，虎最喜欢水。雌虎雄虎各有自己的领地，它们用吼叫声和留下尿液粪便的气味等方法来区分各自的领地和宣告各自的存在。它分泌出的气味是相当浓烈的，这种气味一般可保持3个星期左右。雌雄虎在发情期间结合在一起，交配以后就分开，另觅配偶。在野生环境中，老虎的活动范围可以达到40平方公里。

在自然界中虎一般2～3年生育一次，冬季发情交配，孕期103～106天，每胎2～4仔。初生虎仔约重1300克左右，7～12天睁眼，约20天长牙，一个月后即可食肉，母虎与虎仔一起生活2～3年，4～5岁性成熟，寿命20～25年。

人们谈虎色变，主要原因是因为虎吃过人。其实，根据动物学家们的多年观察，发现虎从小就怕人，天性谨慎多疑，有一位著名的研究野生动物的专家吉姆科贝特估计，1000只老虎中大约只有3只老虎吃人。一般在食物丰富的自然界中，老虎猎食较为容易。它也不会离开山林，更不会向人进攻。在特殊情况下，比如，寻找食物很困难，饿得太狠了，也就是说自然环境受到了破坏，在这种情况下才去接近居民区，盗食家畜和吃人。还有的情况，就是虎本身受了伤，或年纪太大了，奔跑速度受到影响，视力、听觉不灵了，力气也不够大了，那么它猎食的本领也就大大降低了，追不上灵活猎物，如鹿、羚羊、麂之类动物，也制服不了像野猪、水牛等大型强有力的捕猎对象。难耐饥饿的，不得不去袭击人，变为“食人兽”。人们绝不容许一只吃人虎危害自己的利益和生命，因此见虎就杀，或者主动进入山林捕杀，人们大量捕杀老虎的结果，使得老虎的数量大大减少。人们又发现了虎的全身都是宝，尤其有神奇的药物作用，更加剧了人们对东北虎的猎杀，目前它的野生数量极少，分布范围日益缩小。由于其自然生态被破坏，繁殖力又较低，虽然一窝产4只幼仔，最后最多只有一半幼仔长大。现在东北虎的野生种已经濒临灭绝，为此已被国家列为一级保护动物，严禁捕杀。

华南虎主要分布于我国长江流域以南各省，是我国的特产，其中多数华南虎分布在湖南和江西两省。因华南虎仅产于中国，国际上又称其为“中国虎”。

华南虎体长一般在140～230厘米左右，尾长80～100厘米左右，体重约140～210公斤。1964年在陕西秦岭猎获的一只雄性华南虎，体长290厘米，体重190公斤，它已经算是华南虎中的“彪形大汉”了，但论个头华南虎比东北虎还是小一些。

华南虎和东北虎在外形上区别很明显，那只要稍看一眼便可分清哪是华南虎，哪是东北虎。

华南虎的体毛颜色比东北虎深，呈深橘黄色，还带有一点赤色。体表上黑色的斑纹颜色较深、较宽。两条黑斑有时两端相交，形成了上下互相连接、中间为深棕色的菱形纹，体毛较短、较细。整个看来，华南虎的体毛颜色很清晰、美丽，油光发亮。因此华南虎的毛皮价值比东北虎还要昂贵。华南虎的尾巴没有东北虎的尾巴粗壮，但它尾上的花纹颜色又深又宽，非常好看。

因为生活在天气炎热的南方，极喜爱游泳，游泳的本领比东北虎要强许多。它能横渡大江大河，连厦门、香港都曾有过老虎的踪迹，这说明可以游过较窄的海峡。

华南虎和东北虎一样白天休息，夜间外出猎食，行动机敏、迅捷，捕食对象和东北虎大体相同，食量也相当大。

华南虎繁殖期不固定，每 2 ~3 年可繁殖一次，每胎 2 ~4 只幼仔。

华南虎野生种已濒临灭绝，如不及时抢救，就会绝种。在动物园中人工饲养的数量也不多了。因此，也理所当然地被列为国家一级保护动物。

东北虎的另一个兄弟就是我国云南和国外都有分布的孟加拉虎了。

孟加拉虎是又称南亚虎，它在虎的各个亚种中体格仅次于东北虎，一般体长 160 ~250 厘米，尾长 90 ~120 厘米，体重 150 ~250 公斤。据记载，被捕到的雄虎中最长的一只为 3. 24 米（全长），体重最重的为 272. 4 公斤；雌虎最长 2. 89 米，最重的一只雌虎为 157 公斤左右。从上面数据可以看出孟加拉虎的个体，大于华南虎，小于东北虎。

孟加拉虎不仅个头介于东北虎和华南虎之间，体毛的颜色也介于二者之间，比东北虎深，比华南虎淡。此外它的体毛短，体毛上的黑色斑纹细长而毛密，看上去黑色的斑纹比华南虎清晰，到了夏季，孟加拉虎的体毛更显得又短又亮。

孟加拉虎除产于我国云南，还产于缅甸、泰国、印度、马来西亚等地。

孟加拉虎的生殖期不固定，它的食性及捕猎方法与前面所描述的东北虎、华南虎相似。

孟加拉虎属于国家一级保护动物，对它严格保护，绝对禁猎。它也是世界上濒危动物之一。

亦貂亦熊的貂熊

在我国东北的大兴安岭和新疆阿尔泰地区的森林苔原和针叶林里，生活着一种很稀有的动物，尽管在动物分类学上属于鼬科，但是因为它相貌特殊，长得似熊非熊、似貂非貂，因而被称为貂熊。貂熊的躯体和四肢长得粗壮，体长65～87公分，肩高35～43公分，体重却达15～27公斤，确乎是一只微缩的“熊”。但它那一条长约15～20公分的粗尾巴，又酷似貂尾。貂熊大脑袋、小耳朵，嘴吻较长，体毛长而有光泽，为深棕色，但是从肩部往后，沿背脊部的两侧长有色泽浅黄的带状纹络，直至尾根部汇合，形状好似月牙，因而又被人们称为“月熊”。貂熊的腹部及四肢的毛色较深，近乎黑色，后肢的毛长于体毛，它的足下也长着毛，足趾上长着十分锐利的爪。

貂　熊

貂熊栖息于寒带、亚寒带的针叶区以及森林中的沼泽地区，除了我国的东北及新疆地区外，北欧、北美、西伯利亚也栖息着少量的貂熊。

独来独往是貂熊的突出特点。每只貂熊都有自己的领地。雄性的领地比较大，雌性的领地较小些。很少有雄性带着雌性共同占有一片领地的。别看貂熊形体不算大，但却凶悍残暴异常。且不说青蛙、野鼠、松鼠、野兔、飞鸟等小型动物，连野猫、狐狸等都不在它的话下，有时驯鹿、马鹿、野猪等大型动物也会惨遭它的毒手。在捕猎食物时，它潜伏在树上，当看到猎物走到树下时，它就迅猛地跳下来，用利爪牢牢抓住猎物。死死咬住猎物的脖子不放，直到咬断猎物的气管方才罢休。貂熊有储藏猎物的习惯，一次吃不完的食物，它就用雪或土块埋起来，或者挂到树上自然风干，以备日后食用。貂熊也吃一点儿素食，松子、菌类、浆果，也是它的食用对象。

貂熊的活动有一定的规律性，它傍晚开始活动，在活动、觅食几个小时后，就休息一下，休息的时间大体与活动的时间相等，然后再活动，再以同等的时间休息。但是大白天它是不怎么活动的。貂熊可称为动物中的“大力士”，它能抢走比自己大好几倍的猎获物尸体。

貂熊非常狡猾，当它自己遇到险情时，它就使用鼬科动物的绝招，从肛腺中放出奇臭无比的臭气，熏得对方不得不暂停下手，然后借机逃跑。情况紧急时它还会排出臭液，然后在臭液上打滚，滚得满身恶臭，使敌兽想吃也无从下口。猎犬对此也常常显得无能为力。

貂熊还常与猎人们“斗智”。猎人们，长途跋涉，进驻森林打猎，但是当累了一天，回到驻地时，常发现自己的食物被偷盗了；猎人们的生活用品有时被咬得破破烂烂，有时猎获的珍贵毛皮兽也会不翼而飞或被咬得千孔百疮；有时辛辛苦苦安放好的捕套猎物包括捕套貂熊的猎具被破坏失灵……作案者就是貂熊。

貂熊每年 11 月前后开始发情，雌性貂熊如果受孕了，将怀胎一百余天，第二年 3 月前后产仔，每胎可产 2 到 3 只幼仔，哺乳期 3 个月左右。幼仔长到 3 岁左右，开始成家立业。一只貂熊的寿命，可达 15 至 18 年。

貂熊的皮毛长软密致，保暖性强，皮面坚韧耐磨，适于制作衣物，其珍贵程度不亚于貂皮。当然它的珍贵不只在于质优，更在于貂熊是一种极为珍稀又极难捕获的动物。在我国，貂熊已被列为一级保护动物。

名颠姓倒的大熊猫

我国是一个动物资源极其丰富的国家，在种类繁多的动物中，有些还是举世公认的珍稀动物。要问在这些举世公认的珍稀动物中哪种动物“知名度”最高，大家一定会异口同声地说：大熊猫。

大熊猫是国家一级重点保护动物。说起大熊猫，首先要为它正名。有关资料表明，动物学界的人士于 1869 年才发现大熊猫，大约过了 70 年左右，他们才第一次捕捉到熊猫。1869 年，法国的一位传教士戴维来到中

大熊猫

国。这年3月在四川省宝兴县的一户农民家里看到一张兽皮，这张皮上只有黑白两色的毛。十余天后这位农民又捕回一只动物，这只动物的皮与那张皮完全一样，除了四肢、耳朵、眼圈周围是黑色外，其他部位的毛都是白色。戴维就确认它是熊属中的一个新种。此后不久，他在公开自己的新发现时将这种动物定名为黑白熊。

大约在20世纪30年代后期，这种熊的标本在重庆展出，它的中文名字定为“猫熊”。展出时标本的名牌是由左往右写的，写作“猫熊”。但是当时汉字是由上往下直书，写满一行再往左写，参观者拘于习惯，于是“猫熊”就被读成了“熊猫”。此后又有一种香烟命名为“熊猫牌香烟”，对“熊猫”的称呼起了推波助澜的作用。由于约定俗成的缘故，我国的动物学家也就把它定名为“熊猫”了。又由于它形体肥大，在“熊猫”二字前面又加了个“大”字。“大熊猫”就成了“官名”。如今已经没有人再坚持叫它“大猫熊”了。

作为珍稀动物，大熊猫“稀”在哪里呢？

大熊猫独产于我国，在世界上除了我国有野生大熊猫外，只有极少数几个国家的大型动物园里饲养着一两只大熊猫，而这些被珍养在动物园中的大熊猫还都是我国作为“国礼”赠送去的。

从栖息地看，大熊猫主要分布于川西北的深山密林里。此外，只有陕西、甘肃的个别县境内有零星的大熊猫了。据专家们估算，所有这些地方栖息的大熊猫，总数也只在1000只左右。

大熊猫的数量为什么这么稀少呢？这与它的生活习性和生理特征相关。大熊猫性情孤独，不喜群居，喜欢独处，独来独往是它的生活习性之一。即便是雌性大熊猫在产仔后，对幼仔大约也只带领上一年左右的时间，母子也就不再结伴而居了。只有在繁殖期到来时，它们才会去寻找异性伙伴。而且大熊猫发情期极短，一只成年大熊猫每年也就几天的时间，雄性、雌性大熊猫发情期不尽相同，而它的择偶性又很强，从不随意结交异性伙伴。此外，雌性大熊猫每胎只产一至二仔，而它又只具备喂养一个小仔的能力。以上这些因素综合在一起，就使大熊猫极为稀有了。

大熊猫只栖息在我国的四川西北和秦岭南坡。因为那里是一片深山峡谷，气候湿润、温暖。冬夏平均气温差别不大，夏季平均气温在14℃左右，而冬季的平均气温不低于－6℃，年降雨量可达1700～1800毫米。随着地势由低向高生长着亚热带、温带、寒带的许多植物。一座高山，由山脚到山巅几乎四季并存。而在海拔2500～4000米的山林里，除了遮阴蔽日的浓密森林外，还夹杂有片片竹林，冷箭竹、大箭竹、拐棍竹、华桔竹等比比皆是，这就为大熊猫提供了充足的食粮和适宜的活动、栖息的场所。

大熊猫以食竹为主，而且食量惊人，一只大熊猫每天要吃掉20～30公斤竹子。但大熊猫吃得多，吸收得并不多。因为它的消化力差。一只大熊猫每天要用12个小时以上的时间忙于进食，有时长达十六七个小时。但是它肠道短，更不像牛羊等食草动物那样有复胃，食物很快就通过消化道了。为了维持生存，它只有不停地吃。当然不停地排泄，也是它的一个特点，有时甚至边吃边拉，边走边拉，走到哪里，拉到哪里。大熊猫以食竹为主，竹笋、竹叶、竹竿都来者不拒。它也食肉，食竹鼠、羊、猪甚至羊猪的骨头都是它的美味佳肴。人们在捕猎熊猫时常常用煮熟的肉或骨头当诱饵，而大熊猫则因为贪吃而成为捕猎者的笼中物。

大熊猫不仅喜欢吃竹子，也喜欢喝水，而且一喝就喝个够，肚子喝得圆滚滚的，以至喝得走不动路，迷迷糊糊地躺在地上，这就是人们说的“醉水”。但是过几个小时，它自己就会醒过来。

大熊猫长得一副温文尔雅的样子，一般情况下，无论与食草动物或食肉动物都能和平共处，表现出友善的样子。但是当遇到自己的天敌，如黑熊、豺、豹的时候，它是绝不甘示弱的。处在发情期的雄性熊猫到了一起，一场争夺情侣的大战是必不可免的。甚至，在动物园里还发生过大熊猫伤害饲养员的事。

熊猫形体硕大，但大熊猫刚刚生下来的幼仔并不“大”。其体重仅70～180克，一个有经验的饲养员竟难以单纯从形体上来断定一只雌性熊猫是否怀孕。初生的仔熊猫虽然很小，但它的生长速度并不慢，到一个月时体重达1500克，半年时则可达14公斤左右，而到一岁时更重达35公斤左右，大约5～6年，达到性成熟期，这时的体重可达100多公斤。

大熊猫因为其数量的“稀”而显得“珍贵”，但是更重要的不只在数量“稀”，而在其品种确实“珍”。大熊猫是一种当今动物世界中留存着的极少数原始而又古老的物种，动物学界因此称它为动物中的“活化石”。据对大熊猫的化石测定，可以推断大约1200万年前大熊猫就在地球上出现了，但是体型比现在的大熊猫小，到300万年前的更新纪中期才有个头较大的大熊猫。这与当时地球上气候湿润，能给大熊猫提供丰富的食物密切相关。那时大熊猫的分布面比现在广得多。大约相当于今天的广东、广西、云南、四川、湖南、湖北、浙江、福建、陕西、山西等地都有过大熊猫的足迹。由于气候的变迁、植被的变化，尤其是人类的农业活动，把大熊猫最终“挤”到了四川西部的一条高山狭谷之中。然而历经千万年的变化，大熊猫还是幸存下来了，除了形体的变化外，它的身体内部结构几乎没有变化，而与之同时代的巨齿虎、猛犸等早就从地球上绝迹了。“动物的活化石”的美称，对于大熊猫来说，那是当之无愧的了。正是由于大熊猫的无可比拟的珍稀，世界野生动物基金会在1961年才选定大熊猫作为该会的会徽标志。

在70年代中期，大熊猫曾经遇到过一次无法抗御的天灾。1975年至1976年，在四川北部地区和甘肃南部一些地区发生了大面积的竹林开花枯萎，以食竹为生的大熊猫由于无竹可食，竟饿死了130多只，这件事引起了党、政府和全国人民的深切关注。

为了更好地保护大熊猫，从1975年开始，国家划定了十余个以熊猫为主要保护对象的自然保护区，其中四川省的卧龙自然保护区为最大的保护区，面积为20万公顷。在保护区内还设有大熊猫研究中心和大熊猫饲养站。在研究中心内，除了我国研究大熊猫的专家以外，还有一些外国专家也参加了研究工作。

大熊猫既然如此珍贵、稀有，有什么办法能使它的数量迅速增加吗？到目前为止，还没有找到有效的办法。建立自然保护区，只能保护其不受伤害，保证其自然繁殖。然而大熊猫的自然繁殖率极低，剩下的一条路就是依靠人工繁殖了。但人工繁殖也不是易事。首先，大熊猫的人工饲养量极为有限，这就决定了可供人工授精的熊猫数量极少。此外，由于受大熊猫生理研究和人工授精技术的局限，人工授精的成功率不高，大约在10%

左右。即使人工授精成功，每胎最多两只。而大熊猫产仔后，仔熊猫的成活率也不足50%。由此看来。大熊猫家族的繁盛，至少在目前还是一件可望而不可即的事。我们期盼着有关专家们尽早解决这一难题。

再说说大熊猫的“家谱”问题。动物学界发现大熊猫在1869年，而我国对于大熊猫早就有所记载，只不过不叫大熊猫罢了。早在公元前1200年，《尔雅》一书中对大熊猫就有过记载，书中称其为“狨”；在《后汉书》中称其为“貊兽”；唐代大诗人白居易的《貘屏赞》中的“貘”也就是大熊猫。唐代咸阳宫中的上林苑还饲养过大熊猫。到了宋代，又有大熊猫为貔休。然而上面这些称呼都是古代流传于民间的俗名，而不是动物界确认的学名。从亲缘上讲，大熊猫与熊有某些亲缘关系，而与猫则说不上一点亲缘关系。国外的科学家们总想从亲缘关系上将它归属于熊类或浣熊类，我国的动物学家们则从实际出发，把大熊猫单列为熊猫科，而此科仅有一属一种，这样“大熊猫”就顺理成章地成了它的正式称号。

大熊猫还有不少别名、别号。由于它独产于我国，国外有人称它为华熊；由于它以食竹为主，有人称它为竹熊；由于它毛色以白为主，有人称它为白熊；由于它白色中夹黑，有人称它为花熊；由于它与熊有亲缘关系而又有些像猫，有人称它为大猫熊，这些都是它的别名。大熊猫是一种现存的古老物种，有人就给它起了“动物的活化石”这一别号；大熊猫栖息在深山幽谷的密密竹林之中，因而又获得了“竹林隐士”的别号。

大熊猫以其珍贵而稀有，获得过不少无可比拟的殊荣：在1990年举行的亚运会上，大熊猫被定为大会的吉祥物。1984年第23届奥运会在洛杉矶举行，为了给大会增添隆重、热烈的气氛，洛杉矶市政特地向我国借了一对大熊猫，该市动物园更因此比往年多接待了100多万参观者。1978年我国赠送给日本的大熊猫“兰兰”不幸病故，一亿多人口的日本国竟有3000万人为大熊猫志哀，日本首相也在哀悼者的行列中。世界人民这样珍视大熊猫，作为大熊猫故乡的中国人，更应当无比珍爱我国所独有的国宝大熊猫。

我国独有的豹种——金钱豹

自然界的豹共有3种：一种是金钱豹，一种是雪豹，一种是云豹。我们通常所说的豹一般指的就是金钱豹。成语中的“窥豹一斑”，那个“斑”指的就是它的金钱状的毛斑。金钱豹广泛分布于我国各省和自治区，在我国产豹的地区很多，吉林、黑龙江、内蒙古、河北、北京、山西、陕西、河南、甘肃、青海、新疆、西藏、四川、云南、贵州、湖南、湖北、江西、安徽、浙江、福建、广东、广西等地，都曾有过捕捉到豹的记录。金钱豹的亚种也比较多，主要有3个亚种：东北亚种，也可称为东北豹，产在长白山、小兴安岭和其他几处山岭，据动物学家估计，自然界中的东北豹总数可能已不到100只了，是公认的世界上最稀有的豹亚种之一。还有一个亚种为华北豹，主要产于北京的山区、内蒙古、山西、河北等地，西北地区也有它的踪迹。这是我国唯一特有的一个亚种豹，目前存在数量也不多了。再有一个亚种就是华南豹。华南豹在3个亚种豹中分布面最广，数量远远超过前面两个亚种豹的任何一个亚种。它分布在黄河以南、云南、西藏、湖南、广西、江西、四川、贵州等省区。华南豹在50年代有上万只，由于人们对山林的过度开发和捕猎，目前华南豹的数量已经显著减少。

金钱豹

金钱豹的体形与虎相似，但个头比虎小多了。金钱豹和虎毛色都是棕黄色，在棕黄色的毛中布满了黑色的斑纹，所不同的是虎的黑斑纹是条形的，而金钱豹的黑斑纹是圆形的，或椭圆形的，因为斑纹中间不是黑色的，而是棕黄色的，看上去像古时候的铜钱一样，因此得名金钱豹。金钱豹虽然比虎小，但身体强健有力，体长100～150厘米，尾长约90厘米，一般体重约为50公斤左右。金钱豹的胸、腹、四肢内侧及尾的底面为白色，尾尖呈黑色。

金钱豹因四肢矫健，行动敏捷灵活，善于攀缘爬树，跳跃力极强，并且胆大凶猛，因此人们常常虎豹并提。

金钱豹的栖息环境多种多样，森林、丛林地带、草原、山区、丘陵地带都有金钱豹的身影。它们或穴居，或在草丛、树丛中栖息。

金钱豹是夜行性动物，它白天隐蔽在栖息处酣睡，夜间出来活动，在清晨和傍晚也较为活跃。金钱豹虽然体型不大，力气也没有虎大，但能猎捕到鹿、野猪等大中型食草动物。它能潜伏在草丛内，隐蔽在树林间，伏击过往的动物，也能追踪在草食动物群的后面，借着大自然的掩护，悄悄地逐渐靠近它们，然后突然袭击。还能伏在树上，闪电般地主动袭击树下走过的动物。不仅如此，金钱豹还能把它捕到的猎物，叼在嘴里，然后蹿到很高的树上，把猎物藏在树杈之间，因为豺、狼、虎等是不会爬树的，所以这些猎物就由它自己独自享用了。金钱豹除了猎捕大型草食性动物，如鹿、狍、野兔等为食，也捕食鸟类、猿猴、鼠类、穿山甲等中小型动物。

金钱豹一般单独行动，只有冬季或春季发情交配期间除外。雌豹孕期98~105天，一般每胎2~3仔，幼豹2~3年后性成熟。

金钱豹和其他种类的豹有时也袭击农舍、家畜、家禽等。也有袭击山野行人的时候，因此豹在人们的印象中是“害兽”。这样一来人们见了豹子自然而然就要捕杀。再加上豹的体型不太大，人们一齐下手，用一些简单的武器如柴刀、斧头、棍棒等都能把豹打死。有的报纸报道过，一个67的老太太和她的几个小孙子竟然赤手空拳打死一只豹子。这样一来原本比虎的自然数量要多得多的豹，由于过度的捕猎，它的自然数量反而赶不上虎了。

人们喜欢猎豹的另一个很重要的原因就是，豹的皮毛可以制作女大衣和运动衣，且价钱极其昂贵，人们把穿上豹皮做的衣服看作是一种华贵的象征。因此一些贪图钱财的人们就千方百计捕杀它，以换取大量钱财。

豹还可以用来制药，大家都知道，虎骨酒能治许多病。并且使人延年益寿，深受国内外人们的偏爱。但是虎骨的收购越来越难，于是人们想到了用豹的骨代替虎骨来炮制“豹骨酒”，以代替“虎骨酒”。

在70年代末，豹就被我国列为国家三级保护动物。1981年升为国家二级保护动物，1983年又定为国家一级保护动物。豹已经进入濒危动物行列之中了。前几年国际贸易公约也将豹和豹的所有制成品如皮衣、皮褥等，都列入禁止贸易的范围内。这些措施都大大加强了保护豹的力度。

"雪上飞"——紫貂

大家都知道东北有三宝，人参、貂皮、乌拉草。从这一说法中人们便了解到我国的东北产貂。其实这里说的貂，只指紫貂一种。此外还有松貂、石貂、水貂、渔貂、北美貂等。

云 豹

紫貂的皮之所以成为东北三宝之一，是因为紫貂皮毛光润，毛绒软柔丰厚、致密轻细，皮面耐磨而富于弹性，是皮毛中的珍品。皮质的出类拔萃，再加上紫豹数量又极稀少，就使紫貂皮成为宝中之宝了。

紫貂的外形与黄鼬（俗称黄鼠狼）相似。它的体重在0.5~1.5公斤之间，饲养于动物园中的紫貂形体可能还大一些。一般雄性紫貂又较雌性紫貂个头大些。它的体长在40厘米至60厘米之间，尾巴长达15厘米以上。紫貂的毛色并不呈紫色，它的毛色由黄棕色至棕褐色深浅不一，背部毛色较深，胸腹部毛色较浅。有的紫貂毛色近乎黑色，因而人们又称它为黑貂。

紫貂的头部呈近似圆形，鼻、嘴部位呈锥状向前突出，嘴部还有20余根较长的挺直而有弹性的触毛。它的腿较短，脚有五趾，脚下有肉垫。

紫貂生活于寒冷地带的针叶林或针阔混交林的深处，尤其喜欢活动于原始森林中。我国东北的小兴安岭、长白山，内蒙古东部和新疆的阿尔泰山一带，正具备这种地域特点，因而紫貂栖息于此处。

紫貂生活在深山密林中，并且善于登攀树木，但是它却不住在树上，而是活动于山林的地面上，只是当雌性紫貂生儿育女时才住到树洞中去，为的是保护幼仔安全成长。另外，在受到惊扰或觅食时偶尔上树。一般紫貂是不上树活动的。它的窝大多安在树根下或乱石堆中。紫貂喜欢夜间活动，每当夜幕降临时它就忙起来了。一会儿奔跑于密林之间，一会儿觅食于树木的枝干之上。但是当食物缺少时，为了生存，它也会在白天频繁活动的。一般情况下，在白天紫貂大多酣眠于自己的窝巢里，养精蓄锐，以便夜间大显神通。在严寒到来之前，它把食物储备得好好的，因而，在严寒的日子里，紫貂极少在白天出来活动。

紫貂的性格极为孤僻，绝大多数情况下都是单独活动，只有当交配期到来的时候，繁殖后代的本能才使雌雄紫貂短暂地生活在一起。紫貂的行动非常机敏，在密林中跑动跳跃十分灵活迅捷，可谓稍纵即逝，人们因此送了它一个“雪上飞”的美称。因此，捕捉紫貂是一件极不容易的事。猎人们等待、跟踪，常常数十天而一无所获。紫貂的脾气很暴躁，猎人们捕到它之后，如果不能顺着它的习性管理、饲养，它会生气而死，至少也会气得数日滴水不进，饿得生命垂危。捕获、饲养一只活紫貂的难度之大，由此又可见一斑。

紫貂的食性比较杂，生活在森林中的蛙、鼠、虫、马、蛇、鸟蛋以及植物的浆果都可成为它的食物。甚至奔跑快速的野兔也会被它逮住，成为它的口中食。然而紫貂也有成为其他动物的口中食物的时候。它的天敌主要是黄喉貂和雕鸮，其次是猞猁。狼、狐狸有时也捕食它，但是狼、狐狸不善于攀援树木，所以对紫貂的危害小一些。紫貂的珍稀，还因为它的繁殖率极低。雌雄紫貂一般两年才交配一次，它们的发情期在 6 月至 7 月，雌性受孕后孕期长达 9 个多月，有趣的是受精卵在雌貂的子宫中有 7 个月左右的时间不见发育，直到最后两个月左右的时间才迅速发育。紫貂每胎产 1 ~4 仔，刚产下的幼仔毛色发白，但数小时后就变成灰红或肉红色。幼仔无视觉，一个月后才有视觉。幼仔的哺乳期约 40 ~50 天，经过将近一年半的时间，长为成貂，性功能发育成熟。每只紫貂的寿命 6 ~10 年不等。

野生紫貂是国家一级保护动物，极为珍贵，如今数量已日见稀少，幸运的是我们已经取得了人工饲养繁殖的经验，在东北、新疆的毛皮兽饲养场中，已经人工养育紫貂。但短期内不会出现数量激增的情况。

人类的好友——海豚

出海远航的船员们，常常发现这样的情况：船体周围有一群动物追随着它前进，边游动边跳跃嬉戏，这种动物个头儿不大，也就2~3米长，但游泳速度可不慢，它就是鲸类家族中的小老弟——聪明的海豚。

海豚，体形像鱼，吻部细而长，上下颌各长有46~66个尖细的牙齿，身体瘦而长，一般长约2~2.4米。在流型形身体的背部，长着镰刀状的背鳍。背部灰黑色，腹部白色，腹登靠近头的地方长着一对胸鳍。体重在100~200公斤之间。别看它的嘴吻长，口内有那么多牙齿，可是它却不能咀嚼食物，只是以小鱼、小虾、乌贼等为食。

海 豚

海豚生活在温暖的近海水域，几乎遍布于温暖海域中。它们喜欢群居，一群海豚少至10余头，最多可至数百头。它们没有固定的发情交配季节。当雄海豚发现中意的情侣后，会长时间地尾随这只雌海豚，并逐渐靠近，进而用胸鳍摩挲对方，直至对方发出信号，表示接受恋爱，然后进入交配阶段。海豚的孕期约9个月左右，一胎只产一个幼仔，但幼仔体格惊人，其体长约相当于成年海豚的一半，但体重只相当于成年海豚的1/6到1/7。幼仔生下后，由母亲陪伴着。在喂奶时母亲侧身卧在水中，幼仔紧靠着母亲吮吸乳汁。刚生下的幼仔不到一小时就要吃一次奶，但是过不了多久就每天只吃几次奶了，哺乳期大约一年。由于海豚是群居性动物，当了妈妈的海豚，常常采取“值班制”来保护幼仔，即每次由一只当了妈妈的海豚来照看一群幼仔，其余的妈妈们到远处去采食。

海豚的大脑很发达，它的脑重占体重的1.2%，大脑表面积大，沟回复杂，是一种高智能海洋动物，有的专家认为它的智能超过猿类，其重要依据之一就在于海豚的脑容量大于猿类。经过训练的海豚，能够在较短时间内学会敲钟、扔球、吹喇叭、钻火圈的本领，有时还会说出一些简单的英语单词。

人们极度称赞海豚的“善良”。在一个群落中，如果有一只海豚有了伤病，它的伙伴们就会悉心照料它。它们的伙伴遇难时，立刻就有同伙游上去，把受伤的伙伴托起来，使同伴获得呼吸新鲜空气的机会。据说曾有一条病海豚，被同伴们连续轮流“托游”了4天，直到它恢复了呼吸能力，在此后的近半个月时间内，伴随着它的同类，还不时轮流值班，把它托出水面呼吸，直至它完全恢复，能自由游上水面呼吸为止。

海豚的善良不只表现在救助同类，它们还多次救助过人类。在近代航海史上，多次记载过它们救助遇难人类的事件。曾有过海豚游出100多海里，把一名落水妇女托救至岸边的事。甚至还有一次海船沉没，乘客落入海中，适逢有鲨鱼在落海者附近，而一群海豚恰好游经乘客落水处，海豚就一分为二，一部分勇斗鲨鱼，一部分把落水者保护起来。据动物学家研究证实，海豚的救助行为是一种本能的表现：同伴有难，群体救助；遭遇天敌，如鲨鱼、逆戟鲸，则群起而奋力攻击；而推物出水更属本能，在海中遇到木块、气垫等物，也会将其推出水面。

海豚有一种发射和接收超声波的能力。它们凭着这种能力，能够准确判别障碍物或猎物的位置；能够与自己的同类互相联系；在求爱时，雄海豚也能凭此与失去联系的女伴接上关系。据专家测定，海豚发出的超声波，在250赫兹至200千赫之间，频率范围极为宽广。在发射声波时头部的气囊发出频率高低不同的声音，前颚的两个角度气囊随着头部的摆动，向不同方向定向发射。而接受超声波时则有所分工，耳朵接收低频率声波，颚部接受高频率声波。正是由于它有这种高超的发射和接收超声波的本领，因而它在海洋中高速游动时，也不会碰上障碍物。它的这种避碰的本领，又使得它常能为海轮导航，使海轮避免触礁。据记载，在新西兰近海海域，有一片海礁密集区，在这片海域，曾有过一条白色海豚，从1871年开始，连续40年为海轮领航，直至老死，真可谓“鞠躬尽瘁，死而后已”了。

我们称海豚为“人类的朋友”不只因为它曾救助过海上遇难的人们，

曾为海轮忠实地执行过领航任务，还因为它能友好地与人类相处。根据资料记载，海豚喜欢音乐，尤其喜欢七弦琴的琴声，当海船上有人用七弦琴弹奏乐曲时，它能应声而来，靠近船身游来游去。有一次一群小朋友在浅海岸边嬉戏，一只海豚闻声而来，和小朋友一起相嬉，高兴时还把小朋友们玩的水球顶起来，表演托球的技巧。就这样一次成友，以后每天这只海豚都来和孩子游戏。有的海滨浴场，还有经过训练的海豚专门执行陪同游客游玩的任务，它们甚至还能潜入水底为游客们找回丢落到海底的物品。至于表演一些节目，那当然不在话下了。

海豚的肉可以食用，皮可以用来制革，脂肪可以炼油。它更被当作观赏动物，饲养在动物园里供人们观赏。而专家们则倾心于对它的生活习性、生理特征进行观察和研究。前联邦德国有一位叫克莱默的科学家，在一次航行中观察到海豚异于寻常的追随海轮高速游泳的本领，后来经过研究发现海豚的真皮层里的毛细血管，对船体造成的湍流有消振功能，而它的皮肤在海水的压力下又能分泌油状的润滑黏液，减小摩擦力。克莱默从这一发现中大受启发，进而运用仿生学原理，制造了人造海豚皮，将人造皮套在鱼雷和潜艇的表面，大大提高了鱼雷和潜艇的航速。后来又将这种仿生技术用在飞机上，飞机也因而提高了飞行速度。

海豚可以分成许多类，如白海豚、侏河海豚、短吻海豚等，分布在我国东南部、南部沿海一带以及东南亚海域的中国白海豚是白海豚的一个亚种。我国已将它划定为一类重点保护动物。

水中国宝——白鳍豚

作为陆上动物大熊猫为我国所独有，而作为水中动物的白鳍豚，也是我国所独有的动物，并且，在数量上白鳍豚比大熊猫还要少，估计目前仅存200只左右，至多不超过300只，也有人估计不超过200只，还不到熊猫的现存数的1/5。从人工饲养量来看，只有我国有两只，足见其珍稀程度。说它是“水中国宝”，称它为“江中大熊猫”那是一点儿也不过分的。同样，它也是当之无愧的“活化石”。因为它本属于古老、原始的鲸类，研究鲸类的演化，它是极为珍贵的活体材料。

白鳍豚又名白鳍、淡水海豚。它分布在长江中下游的干流中，通常在河、湖与长江的汇流处，如洞庭湖、鄱阳湖、钱塘江与长江的交汇处。这些地方水生物繁多，食物充足，适宜白鳍豚生活。

白鳍豚体型呈纺锤状，体长约1.5米至2米，少数也有达2.5米长的，它那尖细的长吻就可长达30公分以上。它那与身体浑然一体的脑袋上，长着豆粒大小的一对小眼睛，耳朵退化得更厉害，只有针孔大小的两个耳眼。它的前肢呈鳍状，后肢完全退化。尾鳍扁平状，分为左右两叶。上下颌骨上密密地排列着130多颗圆锥状的牙齿，但吃东西从不咀嚼，都是整吞，捕猎到小鱼都是整条整条的吞到肚子里，由此可见它那极强的消化能力。成年白鳍豚体重可达130至230公斤。通体皮肤细腻光滑，背面浅灰蓝色，腹面白色，那三角形的背鳍与两片胸鳍呈白色，“白鳍豚”的大名就是由此而得来的。它的鼻孔长圆形，长在头顶的偏左部上方，约30秒钟左右将头部伸出水面，换一次气。

白鳍豚眼睛、耳朵几乎退化得完全失去功能，但一点也不影响它们在浑浊的江水中生活、觅食。原因在于它们体内有一套独特的发声和接受回声的定位组织，其频率都在超声波范围内，其精密程度远远超过现代化的声呐设备。它们识别物体、捕捉猎物、联络同伴、躲避敌害都仰仗这套声呐系统，因此，它们又获得了“活雷达”的雅号，仿生学研究者对它们的这套本领很感兴趣，正在下大力气研究。

白鳍豚喜欢群居，大多双双对对地活动、觅食，三五成群的也有。冬末春初是它们的交配期，怀孕期长达一年，每胎仅产一仔，幼仔靠吸食母乳长大。刚出世的幼仔体长达70公分，体重可达5至7公斤。它的寿命可达30年。

白鳍豚有着相当发达的大脑，大脑的表面积大，沟回复杂，因而很聪明，专家们认为它比长臂猿、黑猩猩还聪明。尤其有意思的是它的大脑两半球轮流工作、休息，因此白鳍豚在睡觉时也照样游动不止。

1980年1月12日在洞庭湖口的城陵矶附近，我国首次捕捉到一只活的白鳍豚，这一重大新闻迅速传遍全国、传遍全世界，动物学家们以极大的热情关注着这一重大新闻。我国的动物学家给其命名为“淇淇”。1981年12月初，江苏省镇江市的渔民在该市谏壁镇附近的江面上又捕捉到一头白鳍豚，江苏省淡水水产研究所将其放入该所的养殖试验场的养殖池内饲养，取名“江江”，可惜由于这只白鳍豚是被滚钩捕获的，终因伤重难治，不久就死了。1986 年 3 月 31 日又捕到一只活白鳍豚，取名“珍珍”。现在“淇淇”、“珍珍”被放养在武汉市美丽的东湖附近的中国科学院水生生物研究所内，吸引着国内外大批的生物学家前来考察、研究。国内各地前往的参观者更是络绎不绝，人们争相目睹世界上仅有的两只人工饲养的白鳍豚。

白鳍豚数量极少，属于濒危动物，而且濒危度还有日益加剧的趋势。为此，学术界曾不止一次发出呼吁，但捕杀白鳍豚的事仍未禁绝。捕获“淇淇”的风波还未平息，洪湖县竟发生扎死活捉到的白鳍豚事件。那只被扎死的白鳍豚长两米有余。重 122. 5 公斤。“淇淇”被捕获时身长才 1. 47 米，体重仅 36. 5 公斤。80 年代中期在安徽省的安庆、铜陵之间的长江段内，竟发生过一个月内捕杀 4 只白鳍豚的惨痛事件，这样的惨剧再也不能让它发生了。让我们共同努力，为保护白鳍豚，保护所有的珍稀、濒危动物做出努力。

鹿类极品——梅花鹿

说梅花鹿珍贵，这还不难理解，因为它全身都是宝，它的鹿茸尤为珍贵；说它稀少，似乎就难以让人接受了，因为与事实好似不大符合。这里有一定程度的误会，我们说梅花鹿珍稀，是指野生的梅花鹿而言，大家在动物园、公园看到的是人工驯养的梅花鹿。现在野生的梅花鹿，确实是不多见了。

野生的梅花鹿在我国曾经分布得比较广，东北、华北、华东、中南地区都曾有过梅花鹿栖息地，或者说都曾经有过梅花鹿。但目前华北的梅花鹿已经绝迹；在华东，仅江西彭泽县的桃花岭，估计还有百头左右；原来产鹿数量较多的东北、中南，野生梅花鹿的数量也少得可怜了。幸而 70 年代初，在四川、甘肃的交界处又发现了一群野生梅花鹿，但数量也只在一二百头。这样一说，对梅花鹿的珍稀程度就有了具体认识。

梅花鹿体格不算魁伟，体长在100公分至150公分之间，尾长约15公分，体重约80公斤至100公斤。头部尖圆，颜面部呈较长的近似梯形状，有一对大而圆的眼睛和不太长的耳朵。雄鹿头上长着一对分着4个杈的角，眉杈不长，但主干较长，可达40公分至50公分，第二个杈离眉杈较远，主干末端分成两杈。梅花鹿的四肢细而长，有利于快速奔跑。它的体毛颜色不固定，春夏季略浅些，秋冬季深些，基本色调为棕色。背部有显著的白色毛斑，排列比较规则，近乎成纵行分布。“梅花鹿”的美称就是由此而来的，梅花鹿背脊上有一条黑色背毛。而腹部则是一片白色皮毛。

梅花鹿

梅花鹿栖居于针阔叶林的边缘地带或山地的大片草原地带，但具体地点不固定，不同的季节，它们的栖息地点也不一样，夏季多在林荫中栖息，冬季则寻找朝阳避风的山坡栖息。梅花鹿的活动时间多在早晨和傍晚，一边觅食，一边嬉戏。它们的食物多为青草、树叶、苔藓，或者树木的嫩枝、嫩芽。梅花鹿很机警，它的嗅觉、听觉都很敏锐，在觅食时它们多迎风而立，这样便于嗅到敌兽的气味，以便采取自卫行动或逃跑。一旦听到响动，它们就停止觅食和嬉戏，静听动静，如果确认有敌情，就立即迅速奔逃。

梅花鹿在平时，母鹿与未成年幼鹿结群生活，公鹿则单独居住。但到了发情期公鹿便回到鹿群与母鹿合群。梅花鹿的发情期在8月至11月，进入发情期的公鹿，再也不像平时那样温文尔雅，性情变得粗暴起来，不仅常常大声鸣叫，遇到情敌总要斗个你死我活，不分胜负，绝不甘休，格斗用的武器就是那已经骨化了的鹿角。获胜的一方即可妻妾成群，对这些妻妾，它是不允许第三者插足的，只有一种情况例外，那就是第三者比它强大。偶尔也有在交配季节末期，公鹿因疲惫而无力赶走第三者，被第三者乘虚而入的情况。梅花鹿的孕期为220天至240天，每胎一般产一只仔鹿，偶有产两仔的。梅花鹿的哺乳期在3～4个月之间，仔鹿一出生落地，即能站起来找母亲吮奶，约2~3岁性成熟，成熟的公鹿一般就离群活动，准备成家立业了。幼仔的体毛较成年鹿的体毛颜色浅，但白色毛斑清晰可见。

梅花鹿的珍贵，与它满身是宝密切相关，尤其是那享誉全球的鹿茸。在医药界，只有4种鹿的茸被认为有药用价值。这4种鹿就是梅花鹿、马鹿、水鹿、白唇鹿。梅花鹿的鹿茸被称为“黄茸”，是鹿茸中品位、等级最高的。鹿茸有补虚健体强筋骨的功效。每年春季，雄鹿头上会长出一对嫩角，外部包着带有绒毛的皮肤，其中血管很丰富，血液循环很旺盛，用手触摸有温热感。这对角长到两个月时割下来就是名贵的鹿茸，过期不割，就会逐渐骨化，变成鹿角。鹿角也是一种中药，但药用价值比起鹿茸就差得多了。以前割鹿茸时，由几个身强力壮的大汉，把鹿按倒在地，再由一个人操一把特制的锯，把鹿茸割锯下来。后来采用药物麻醉法，先把药物注射到鹿身上，鹿就麻醉卧倒，任凭人们割锯。锯完后再打一针解药，鹿就又苏醒过来了。用这种方法割锯鹿茸，既能保证人畜安全，又不损伤鹿茸。除了鹿茸以外，梅花鹿的鹿胎、鹿鞭、鹿筋、鹿血、鹿尾都有药物功能。鹿肉能壮体，鹿皮能制成名贵的鹿革，有很高的经济价值。不过现在用以制药、制革的原料，都来自人工饲养的梅花鹿。真正的野生梅花鹿，已被列为国家一级保护野生动物，严格禁止捕猎，更不允许捕杀。为了野生梅花鹿的繁殖，国家也已划定了一些野生梅花鹿自然保护区。

被称为羚牛的扭角羚

羚牛属于牛类还是属于羊类？起初动物分类学认为它的形态和分类介于山羊与羚羊之间，根据它的角的形状，称它为扭角羚。后来又认为它的形态介于绵羊和牛之间，而它的形态近似于牛，又称它为羚牛。还有人主张叫它牛羚，但是牛羚这个名字已经属于一种曾被称为“角马”的羚羊了，于是就又用最初用过的名字——扭角羚了。

扭角羚一共有4个亚种：喜马拉雅扭角羚、不丹扭角羚、四川扭角羚、秦岭扭角羚。这4个亚种扭角羚中国全都出产，而其中四川扭角羚、秦岭扭角羚为中国所特有。喜马拉雅扭角羚产于西藏自治区的东南部、云南省的北部和四川省的西南部（在国外印度、缅甸也出产）；不丹扭角羚产于西藏自治区南部与不丹相邻的地带（在国外产于不丹）；四川扭角羚产于四川的西北部和青海的南部相连的地带；秦岭扭角羚产于陕、甘南部的毒岭山区和川北的岷山山区。秦岭扭角羚因为身上披覆着浅黄或金黄色的体毛，因而又叫金毛扭角羚。

扭角羚

扭角羚是一种体形粗壮的大型食草动物，它体形从整体上看还是比较像牛，那粗壮的身躯、短粗的脖子、硕大的脑袋都尤其像牛。但是多毛而短小的尾巴、上部向后上方扭转的特殊犄角与牛却大不相同。它的肩高大约130公分，雌性稍矮些，大约115公分左右；雄性的体长多在200公分以上，雌性一般不超过190公分。体重差别较大，雄性的多在300公斤以上，而雌性的一般不会超过250公斤，多在200公斤左右。尾长在20公分上下。扭角羚最有特色的那对角，先伸向外侧，然后再向后面扭转过去，长度在50～65公分之间，角基部粗达25～35公分。它的体毛不同的亚种之间差别较大，喜马拉雅扭角羚体毛全部呈深褐色；不丹扭角羚体毛肩背部呈黄色，腹略浅；四川扭角羚的面部、躯体前部毛色明黄，唇吻部、躯体后半部及四肢为黄褐色；秦岭扭角羚全身体毛呈金黄色，难怪它有个好听的“金毛扭角羚”的别名。不过，同一个亚种的体毛颜色，随着季节、年岁的变化也有所变化。

扭角羚喜欢群居在海拔较高的山上，多居住在2500公尺（1公尺＝1米）至白鳍豚、4500公尺的山上，随着季节的变化垂直迁徙，气温高的季节往高处迁，气温低的季节就往海拔低些的地方迁。在成群迁徙时很有秩序，那只强壮的雄性羚总是以领袖的身份走在最前面，其他成年雄性羚紧跟在后面，幼羚走在队伍的中间，雌性成年羚走在最后面，一只接一只，首尾相接。当大群的扭角羚迁徙时，队伍拉得很长。

扭角羚日常的活动有昼伏夜出的特点，白天在林木草丛间歇息，晚间出来活动、觅食，它们以栖息地附近的青草、林木枝叶等为食。在冬季食源较紧时，它们会分解成小群觅食。扭角羚还有喜欢食盐的习性，常常到盐水湖附近舔食带咸味的水或咸土。

大约每年7、8月之间，扭角羚进入发情期，成年的雄性扭角羚为了争夺配偶总免不了要展开激烈的争雄战，相互间拼死决斗，雌羚的孕期约8个多月到9个月，每胎产1仔，幼仔落地后三四天的时间就可以随群体活动，当然体力要差得多。3至4年以后，幼兽就进入成年期了。

扭角羚虽然看上去笨重粗大，但是行动并不笨，尤其在逃避敌害时反应迅速而灵敏，跑得很快。它的栖息地点又在偏僻的山区，捕捉成年活兽很不容易，因此动物园捕捉到的都是幼年的扭角羚，然后人工饲养大的。

扭角羚本来数量不多，捕捉又极不易，因而是一种很珍贵的观赏动物，为了保护扭角羚的自然生长、繁殖，我国已将它定为一类保护动物。

白肢野牛

牛科动物中有一类叫作野牛。野牛又可分为欧洲野牛、亚洲野牛、美洲野牛、野牦牛、印度野牛等。在这些种野牛中，人们又习惯于将印度野牛直称为“野牛”，甚至有的动物学书籍中也将印度野牛定名为“野牛”。这是一种不科学的、以偏概全的做法。它的直接错误影响就是使动物分类学知识较少的人误认为印度野牛等于野牛的全部。其实“印度野牛”这一称呼也未必很恰当，因为这类命名法会使人误以为只有印度才有这种野牛。许多动物学家根据印度野牛的形貌特征，称它为“白肢野牛”，应当说这是一种不致使人产生误解的科学命名，因为只有被称为印度野牛的一类野牛，四肢下部是白色的，其他类的野牛没有这种形貌特征。

白肢野牛主要产于亚洲南部，我国的西双版纳也产白肢野牛。西双版纳人根据白肢野牛的形貌特征，将它称为“白袜子”，这确是一种通俗、形象的称呼。

白肢野牛被公认为是现代牛类中身躯最为魁伟的一种。一头雄性白肢野牛肩高可超过220公分，一般在190至220公分之间；体长在260至330

野 牛

公分之间；体重大多在800至1000公斤之间，也有1000公斤以上的。而雌性的白肢野牛身躯要小一些。白肢野牛的角也很给人以力量感，雌性的白肢野牛角长70公分左右，两角之间的宽度可超过90公分，已知的最高纪录达110公分。角基部的周长将近50公分。整个角形向侧后方弯曲，弯度比较大。雌性白肢野牛的角就小得多了。牛角呈浅绿色，角尖部颜色比较深，接近于黑色。

白肢野牛的体毛因性别不同而有所区别。雄性的体毛为黑色或黑褐色，雌性的体毛为深褐色。未成年的白肢野牛体毛颜色则要浅一些。但无论性别、无论长幼，白肢野牛四肢下半部都长着白色的毛。这就难怪人们要称它“白袜子”了。

白肢野牛栖息在热带或亚热带森林水草丰茂的地方。它们有垂直迁移的习性，一年三季在海拔1000多米处活动。夏天就移向海拔两千米左右的山林避暑。但具体的牛群却没有固定的居住地点，过着游荡的生活。白肢野牛每天清晨、傍晚出来活动，气温高的中午前后则隐藏在密林中休息或者反刍经过粗嚼存留在胃袋中的食物，它们的食物以野草、树叶、嫩芽为主，但是最喜欢吃的食物还是鲜嫩的竹笋或嫩竹，不论吃什么，它们都从来不细嚼慢咽，而是大量吞食，粗粗地咀嚼一下就储存在蜂巢状的胃袋内，等到休息的时候再反刍到口腔里细细咀嚼，慢慢品味，最后输送到重瓣胃和皱胃里去消化。这两个胃里的丰富的微生物就把这些食物中含的纤维素加以分解。再合成为脂肪酸、蛋白质、维生素等营养物质。这样它便有了魁伟的躯体。

白肢野牛喜欢结群生活，每群五六只到二三十只不等。每群都有一只强壮的雌性牛担任领袖，其余雌性牛和幼牛跟随活动。成年雄性牛在一年的大部分时间都独自活动，或者与两三只同性在一起，只有到发情期它们才返回到群体中去。

白肢野牛的发情期在每年的11月到12月，受孕的雌性牛要经过280天左右的孕期才能生下小宝宝，每胎仅生一仔，少有两仔的。野牛妈妈对自己的小宝贝真是护爱有加，它经常慈爱地亲吻自己的孩子，并不时用舌头舔，为它们清除脏物。野牛妈妈亲吻孩子不只是表现亲热，它同时在给孩子哺喂自己反刍后咀嚼碎了的草末。因为幼牛的胃里还没有微生物，需要妈妈用这种方式给它输送微生物。初生下来的仔牛并不大，但一个多月后就能长到四五十公斤。大约3至4年幼牛就进入成熟期，这时它就得自己独自去谋生了。

“野牛”这个名字听起来让人感到这种动物很“野”。其实白肢野牛并不“野”，它从来不主动进攻人类或其他动物。只有当人类或其他动物伤害它的时候，它才被动反击。白肢野牛的嗅觉很灵敏，在开阔地带，顺风时它能嗅到三四百米以外人的气味，这时它就远远避开，而不是主动出击。如果人把野牛惹急了，情况就不一样了，它就会向人猛冲过来，用它的尖角将人挑起来，狠狠地摔在地下。但是有经验的猎人也有对付的办法，当野牛冲来时，猎人就迅速平躺在地上，野牛的角就挑不到他了。而且野牛既不会咬人，也不会用它那有力的脚踩人，充其量在猎人身上拉一堆屎、撒一泡尿以示惩罚。野牛也会与人斗智，当人伤害它时，有时它假装逃跑，实际上跑了一段又迂回到路旁的密林中埋伏起来，等人走到埋伏地点附近，它就立即冲过来报仇。

白肢野牛那对诱人的角非常值钱，它的肉可吃，皮可制革，招致许多当地居民捕杀它，因此它的数量越来越少，为了保护这一珍贵的野生动物，我国已把它定为一类保护动物，严禁捕杀。

披毛又披鳞的河狸

河狸又称海狸。在分类学上属于脊椎动物，哺乳纲，啮齿目，河狸科。

世上的河狸有两种。一种称为“北美河狸”产于北美地区，另一种称“欧洲河狸”产于欧洲，我国新疆、内蒙古地区也有分布。

河 狸

河狸身体较大而短，身体长约70～130厘米，体重20公斤左右。体表覆盖着又粗又亮的长针毛和浓密柔软的绒毛，露在外面的毛为黄棕色，毛的颜色越靠近皮肤越深，接近皮肤处至暗褐色，但腹部毛的颜色比背部毛色浅。四肢由一对前肢和一对后肢组成，前肢和后肢有较大区别。前肢短小灵活，适于抓握物体，后肢较为发达。四足呈黑色，后足较前足大，而且长有蹼，利于水中游泳。河狸最大的特点要算是它的尾了。它的尾宽而扁平，形状似长椭圆形。更有趣的是它尾无毛，上面覆盖着角质鳞片。看来河狸的身体和尾是极不协调的，它的尾好像是被人安上去的。就是这根尾，使河狸于水中游泳的时候，起到了舵的作用。如果你记住了河狸于水中点，那么在众多的动物群中，是不难把河狸认出来的。河狸的前门齿相当发达，而它的门齿总是在不断地长。为了防止门齿过长，不利于咬啃物体，河狸需要不断地磨研它的牙齿，才能保持一定的长度来发挥门齿的作用。

河狸的头部较圆，头与身体连接的部分很短，也就是说河狸的颈很短。河狸头上长着一对极小的眼睛，还有一对小而圆的耳朵，耳内密生有带油性的绒毛，可以防止水入耳中。另外还有一对鼻孔，鼻孔内有能自动开闭的瓣膜，可防止水进入鼻孔。河狸身体的这些特殊的结构特点，对于它在水中生活是极为有利的，这就是结构对环境的适应性。

河狸栖息于森林中靠近水的洞穴内。河狸的洞穴构造奇特，一半在陆地一半在水中，进出口有通陆地的，也有通水中地下的。河狸的卧室在洞穴的中间，由于河狸的一个家族都住在同一洞穴内，因此它的洞穴宽大、舒适。洞里铺着干草和树叶。

河狸白天在洞内睡觉，夜晚出洞觅食。它最喜欢吃杨树、柳树的树皮，也吃其他的嫩树枝、树皮、树根、水生植物等。

在缺水的季节，河狸的洞有一半在水下，它会很聪明地采伐一些树

木，把树枝运到洞穴周围，把树枝码放好，再糊上泥土，然后用灵活的前爪将土填在树枝间，经过数天的劳动，堤坝筑好了。这样堤坝就把洞穴周围的河水围成了一个较深的水域，保证了河狸在一个舒适的环境中栖息。同时这个较深的水域也成了河狸的邻居——一些小动物们的游泳池。

河狸没有冬眠，冬天到来前，它要准备越冬的食物，主要是一些树枝。

春天来了，长大了的河狸就离开了自己原来居住的洞穴，尽管那里还有它们的父母、弟妹生活在里面，长大了的河狸一雌一雄建立起新的家庭，又筑起新的洞穴，洞穴筑好后，便开始生儿育女了，它们每胎产2~6只左右小河狸。小河狸出生后需要哺乳，两年左右小河狸性成熟，一般寿命约12~15年。

河狸有着很高的经济价值。它的皮毛质地良好，可以制成价格昂贵的皮衣。河狸有两个位于肛门前的腺体，腺体能分泌出名叫“海狸香”的油质物。海狸香是香料原料中国际流行的定香剂，我国制造的香水、香皂等都须掺入从欧洲进口的海狸香。此外海狸香还有类似麝香的功效。

河狸在我国仅分布于新疆阿尔泰乌伦古河流域，为残存种，现已被列为国家一级保护动物。

陆上“巨人”——亚洲象

现存的陆上动物中，个体最大的莫过于象了，无怪乎当幼儿园的孩子们总要在“象”字前面加个“大”字，称之为“大象”。象可以分为两类，一类是亚洲象，一类是非洲象，在我国云南省西双版纳原始森林中栖息着的象就是亚洲象。

说起西双版纳原始森林中的亚洲象，其中还有一段小的曲折。在新中国成立前，国内外的动物学著作，在谈到产象的国家时，从来不提中国。这倒不是因为他们有偏见，而是因为动物学的作者没有深入实地进行过考察。后来经过调查发现，不仅西双版纳森林中有亚洲象生活，云南西部的中缅交界处附近，也发现过亚洲象的足迹。

亚洲象

亚洲象虽然在形体上比非洲象小一点，但是除了非洲象，陆地上没有个头儿比它再大的了。它肩高250至350公分，体长550至650公分，尾长120至150公分，体重约5000公斤。刚生出来的幼象肩高就达100公分左右，体重将近100公斤。说它是庞然大物那是再名副其实不过的了。其体色为灰褐色，皮肤上有极稀疏的体毛，毛色与皮肤又很接近，以至于有人误以为象身上没有毛。亚洲象身上最明显的就是那条又粗、又长而又灵活的鼻子。象鼻子与象的上唇连成一体，找不出明显的分界。这条长鼻子的功能很多，用于呼吸不必说。还可用来吸水，水流被鼻子灌进嘴里，再被吞咽到身体内。当它淋浴时，它同样先把水吸进鼻子里，然后再把水喷淋到身上。在觅食时，亚洲象也是用它那灵便的鼻子把食物卷住，再送进口腔。母象在生下幼象时，用鼻子帮助幼象站立起来。它的鼻端长着一个指状的突起，借此能从地下捡起一根细小的针。当它发怒时，还会用鼻子抽打对方。经过训练的亚洲象，还会用鼻子运重物。至于动物园中经过训练的亚洲象，还能用鼻子表演摇铃、吹口琴等等许多节目。令人不可思议的是这条看上去软塌塌的长鼻子，有时竟能向上直竖起来，这时，它能嗅出两公里远处的各种气味。亚洲象长着一对蒲扇似的大耳朵，常常扇来扇去，那是为了散热，或者是为了驱赶蚊蝇。雄象还长着一对长长的象牙，这对象牙是由长在上颚上的门齿发展起来的。其长度可达两米左右，每只可重达五六十公斤。但是雌象不长象牙，在这一点上，它与非洲象不一样。非洲雄性的长象牙，雌性的也长象牙。亚洲象的前额上长着两大块隆起的肉瘤，其最高点正好位于头的顶部，这两块肉瘤被称为“智慧瘤”。非洲象就没有这一对智慧瘤。亚洲象长着4条粗壮的大腿，每条腿的周长都有一米多，如果4条腿不是这么粗壮，怎么能支撑起5000公斤左右的体重呢？这4条腿每天几乎24个小时全都支撑着它那沉重的身体，因为它是站着睡觉的。亚洲象站着睡觉，是一种自卫的本能。如果它躺下睡觉，一旦遇到

敌害，那笨重的身躯无法做出即时的反应，岂不是糟糕透了。

亚洲象的食物主要是青草、树叶、芭蕉、野果和树木的嫩枝。但是对于坚硬的食物它也来者不拒，因为它长着4颗可以磨碎粗硬的食物的臼齿。它的食量很大，一天要吃掉100多公斤食物，而且又有边吃边扔的习惯，这就使得它不可能有固定栖息地，它每天边吃边走，一天往往要走几十公里的路程。据说一只象一年要走6000公里左右的路程。水也是亚洲象每天必不可少的生活用品，一次，就需要60多公斤，更何况它还喜欢洗澡，通过洗澡达到解热消暑、恢复体力、驱赶虻蝇的目的。说到洗澡，不能不提到亚洲象的“泥浴”。亚洲象常常在泥水中“泥浴”，让泥水浸入皮肤的裂纹中，上岸晒干后再抖掉泥块，这样皮肤裂缝中的寄生虫也就随之被抖掉了。亚洲象离不开水，还在于它喜欢游泳，它几乎每天都要在水中游几个小时，游泳时既清洁了身体，又免去了粗腿的沉重负担，当然还能解除暑热，这真是一举数得的美事。它的游速大约每小时1600公尺。

亚洲象每天活动的时间大多在早晨和傍晚，在月光朗照的夜晚它也会出来活动，在中午，它就避开高温，站着午休。即使在休息时，它的耳朵仍在不停地扇动。尾巴也不停地甩来甩去，为的是驱赶蚊蝇之类。

亚洲象喜欢结群活动，小群五六头，大群20头左右，一个象群就是一个小的“母系社会”。这个“社会”由一头壮大的母象充当领袖，其他几只就是成年母象、未成年的幼象以及唯一的一只已经成年的公象。幼象中有几只公象那是无所谓的。在这个“社会”里女皇具有绝对的权威，象群的行动路线、觅食地点、行止时间都由“女皇”决定，那头壮大的公象只是个警卫员的角色。象群行动时，“女皇”在前面领头，其余的在后面跟随，成年公象在最后担任警卫。停下来吃食或睡眠时，成年公象远远地在一边待着，一旦有敌害，它就要奋不顾身地冲上去保卫群体。只有当交配期到来时，成年公象才被允许加入群体。

象的生育能力较低，一只象从落地到具备生育能力大约需要15年以上的时间。而母象每隔3～4年才能生一只小象。象的发情期不很固定，在10月到11月间发情的较多一些。亚洲象平时很温驯，但是到了发情期的公象却一反常态，极易暴怒，毁物伤人。饲养在动物园中的公象，发情时，对一贯友好相处的饲养员也会毫不客气地进行攻击。为了安全，饲养员只能用粗铁链将它锁起来。公象发情的标志是两颊流出分泌物，所以动物园中的饲养员只要一发现公象两颊流出黏液，就毫不犹豫地把它锁起来，直到发情期结束才给它自由活动的机会。母象的孕期长达 21～22 个月，每胎产一只仔象。产下的仔象如果不能立即站起来，它的母亲或其他母象就会用长鼻子帮它站起来，因为如果仔象不站立起来，它那八九十公斤的体重会挤破嫩弱的肺部。仔象出生后，象群一般要停下来等待两三天，以便幼象能够具备跟上群体活动的能力。幼象的哺乳期约两年左右，大约 15 年左右，幼象就长成熟了。小象开始进入成熟期的标志之一，就是长出了门齿。约 10 岁左右公象开始长门齿，这时它们就开始与同性打斗了。在不停的打斗中，青年公象各自明白了自己的实力，也知道了此后在群体中的“地位”，此后，吃喝、走路以至交配就都各自按自己的身份行事了。到 15 岁左右，青年公象就得离开群体去独立生活了，直至找到自己的伴侣才又有了自己的群体。当然，它的地位只是一个“警卫员”而已。

亚洲象性情温和，一般不会去伤害其他动物，即使是当敌人入侵时，它也只是先以巨声吼叫来吓唬外敌，如果外敌不识相，继续入侵，它就会用那 100 多公斤重的大鼻子甩打敌人。或者用脚去踢，有时也会用它那雄伟的躯体去冲击，直到把敌人赶走为止。

亚洲象对自己的同伙非常友爱。象群中哪只母象生仔了，它们就会给予照料；哪只生病了或者受伤了，别的象就会跑过来用鼻子“搀扶”它，不让它倒下；在寻找新的生活场所的路途上，哪只象走不动了，同伙也会过来用鼻子架着它走。如果某一只象死去了，伙伴们更是悲痛万分，它们不吃、不喝，流着悲伤的眼泪，发出哀痛的吼叫，哀号声传到几公里以外。然而有一种情况例外，象群对于老年公象却意外地无情，老年公象只能游离于群体之外，过着孤独的生活，群体也不会照顾它。这时的老公象性格会变得很古怪，对其他动物和人类常常发动攻击。一头象活到七八十岁，就寿终正寝了。

亚洲象的记忆力很强，对于爱抚过它的人，即使隔了很长时间，它也会表现得很友好。动物园中管理亚洲象的饲养员，调离开之后许多年，当他再回到原来的亚洲象身边时，那只象立即会辨认出来，并且激动不已。当然对于伤害过它的人，它也会牢牢地记住。

有一种流行的传说，说大象最怕小老鼠，因为老鼠会钻到象鼻子里，使得大象非常痛苦。这是一种错误的说法，因为象的鼻子虽然粗大，但是

大而灵活，老鼠不可能接近大象，更不可能钻进象鼻子。再说，动物园中的事实也证明：许多兽舍里有老鼠出没，而象舍里却没有见过老鼠的踪迹。单是它那巨大的吼声就足以吓得老鼠拼命奔逃。

亚洲象不只分布在我国云南，南亚和东南亚的印度、缅甸、马来西亚、印度尼西亚等国家也分布着亚洲象。据估计，全世界的亚洲象总数约三四万头，而在我国，除动物园饲养的以外，野生象大约不足二百头。这些野生亚洲象不仅数量少，而且分布得又比较散。许多又栖息于中缅、中老边境，它们享受着随意穿越国境的自由，因而很难保证固定的数量。

对于亚洲象这样稀少而珍贵的动物，我国政府十分珍视，已将它列为一类保护动物。在西双版纳已经设置了三个自然保护区。

曾被误认的野驴

历史上曾有过秦相赵高“指鹿为马”的事，那是因为秦相赵高想试试自己的同行们对自己的畏惧程度，这是一种故意混淆是非的行为。但我们的先人并非由于篡权的野心，而由于粗心大意犯过“指驴为马”的错误。在我国的西北部的一些省份，有一些地名前冠以“野马”的地方，如野马山、野马渡、野马滩、野马大泉等，据说都是由于分布着野马的缘故。其实先人们看到的都不是野马，而是野驴。因为野驴在形体上比较近似野马，他们就“指驴为马”了。

非洲野驴

野驴可分为两大类：亚洲野驴、非洲野驴。亚洲野驴有 5 个亚种，分布在我国的有西藏野驴、蒙古野驴这两个亚种。

野驴在我国分布于新疆、青海、甘肃、宁夏、内蒙古、西藏、四川西北部。主要栖息在有稀疏灌木的沙漠地带。

野驴的体毛为沙黄色至深棕色，腹部为浅黄色，四肢内侧为白色。从肩部至尾基部有一条深褐色的背脊毛；头顶至背脊中部长着短而直立的鬃毛；尾部下半则长着近乎黑色的毛。野驴肩高 90 至 150 公分，体长 2 至 2.4 米，尾长 50 至 90 公分。体重在 150 至 250 公斤。从总体上看，蒙古野驴毛色略浅些。形体略小些。

野驴喜欢结群生活，一般五六只七八只不等，也有上百只结群在一起的，大约五六十年前，我国野外考察队员还发现过上千只野驴结群迁移的壮观场面。在结群走动时，大多为雄性成年野驴居首，幼年的野驴居中，雌性成年野驴居后。如果停驻下来或进食时，总要派出成年野驴当“观察哨”，一旦发现险情，“哨兵”即刻向群体发出警报，带头驴就领头奔逃，直至到达安全地带。野驴很善于奔跑，其奔跑速度可达每小时 60 公里以上。遇到溪流、湖水，它们少不了要游泳、洗浴一番。栖息在沙漠地带的野驴在缺水条件下常可数日不饮水，极能耐渴。

野驴的食性较单一，主要吃野草、野葱、猪毛菜。为了寻找食物和水源，每天都要游走二三十公里，它们没有、也不可能有定居地，终日大都为生活奔忙。野驴大约在夏秋之间发情、交配。为了选择理想的伴侣，雄性野驴之间免不了要有激烈的争斗，或踢或咬，直至一方认输为止，输的一方常被踢咬得遍体鳞伤，胜的一方也会留下些光荣的标记。受孕的雌野驴的孕期为一年左右，幼仔生下后就能跟随父母活动。野驴有时还与放牧在野外的家马自动交配，生下的后代体壮力大，运物载人都极受牧民的欢迎。野驴的寿命约为 30 年。

野驴有一种似乎矛盾的性格。它的视觉、听觉、嗅觉都很灵，因而极其容易发现险情。遇到野狼，它们就拼命奔跑，使野狼望尘莫及，但是对猎人却极少提防。在野外，它们只要发现汽车，就喜欢追过去，与汽车并驾齐驱，并努力争取跑在汽车前面。这样一来，就等于把自己“送”到猎手的枪口前面，走向死亡。当猎手们驻营在帐篷里的时候，它们又常到帐篷前后张望，自动“送货上门”。野驴与野马的主要不同之处有：

首先从毛色上看，野驴的毛色背部深，腹部浅至近乎白色，对比度很鲜明，而野马则由深至浅较自然地过渡，色差不那么显明。

其次，野驴的背脊上有一条很清楚的背纹，而野马夏季背纹不明显，冬季没有背纹。

第三，野驴的鬃毛较短，而野马的鬃毛较长。

第四，野驴头部较小，而耳朵相对较长；野马的头部明显大于野驴，而耳朵又较野驴的耳朵短。

第五，野驴的蹄部窄小，野马的蹄部要宽大得多。

第六，野驴的四肢与躯体颜色一致，而野马的四肢比躯体的颜色明显地深得多，颜色近乎于黑色。

注意了以上几点，就比较容易把野驴和野马辨别开来。但是在茫茫野外的荒原上，远远地观察，也仍然难以分辨清楚，只有当野驴在好奇心的驱使下走近人们的时候，我们才能识别它的庐山真貌。

野驴在新中国成立前数量还不算太少，但是由于经济的发展，人们的生产开发范围越来越大，再加上少数人的狂捕滥猎，野驴的数量日渐减少，那种成百头群集的现象尤其少见。近些年来，国家很强调对野生动物、濒危动物的保护，有的地方还划定了保护区，野驴的数量略有增长，偶尔也能见到上百头野驴群集的情况了。现在野驴已被定为一级保护野生动物，我们有理由相信，在大家共同提高保护野生动物的重要性的认识基础上，野驴家族繁荣起来的前景，终究会出现的。

回归的“海外游子”——麋鹿

有一种原属我国所特有的野生动物，由于大自然变迁，早已绝迹。但是从出土的化石上分析考证，它曾一度栖息在我国长江以南、黄河以北的广袤平原上。它的最后一群在18世纪被放养在北京南郊的南海子皇家猎苑之中。1865年1月，一个名叫大卫的法国传教士，听说南海子皇家猎苑中养着不少动物，于是便到那里去，站在猎苑墙外偷看。作为一名动物爱好者的大卫，看出了麋鹿与其他鹿种大有不同，于是买通了皇家猎苑的守卫人员，弄到两张完整的麋鹿毛皮标本及两只鹿头，然后送到巴黎的自然博物馆。生物学家爱德华不久后发表文章宣布了这一新的发现，并将麋鹿定名为“大卫神父鹿”。此后欧洲动物学界纷纷以各种手段试图弄到麋鹿。从1866年以后的10年内，英、法、德、比等国便弄到数十只。欧洲列国的明索暗盗，再加上1894年永定河水的泛滥和八国联军入侵的战乱，皇家猎苑的麋鹿终于全部尽绝，此后，饲养在欧洲的麋鹿又相继死亡，只有养在英国贝福特公爵的私人别墅乌邦寺内的18只麋鹿保存下来了。此后这群麋鹿繁殖昌盛，至1948年竟达到255头之多。1956年4月英国伦敦动物学会派人给北京动物园送来两对麋鹿，在海外流落了半个多世纪的游子，终于又回到了故土。1973年英国前首相希思又送来两对麋鹿。1985年8月乌邦寺的主人塔维斯脱克侯爵又将20头麋鹿送回中国。为了使踏上故土的游子不仅回到故乡，而且回到自己的祖居，我国特意在北京的南海子新建了麋鹿苑，放养这批归国“侨鹿”。1986年世界野生动物基金会、国际自然和自然资源同盟又无偿提供39只麋鹿，在江苏大丰县麋鹿自然保护区放养。麋鹿这一珍贵鹿种在重归故里之后，必将会发展繁衍起来。

麋　鹿

麋鹿有个不大好但又很有特点的名字——四不像。它获得这个不大雅致的名字，是有来历的，它的角像鹿角，但整个体形不像鹿；它的脖子像骆驼脖子，但整个体形不像骆驼；它的蹄子像牛蹄，而整个体形不像牛；它的尾巴像驴尾巴，而整个体形又不像驴，非鹿非驼非牛非驴，合在一起就叫“四不像”了。

麋鹿是一种大型鹿，成年麋鹿肩高120公分左右，体长170至220公分，体重雄性的可达250公斤，雌性的也可达180公斤，尾长60至70公分，真可谓庞然大物了。雄性的有角、雌性的没有角。雄麋鹿的角与其他鹿种的角“不像”之处在于：它的角基上端分为一前一后两肢，前肢分叉，后肢不再分叉；所有的鹿种站立着的时候都是角的尖端指向前方，唯有麋鹿的角尖指向后方。麋鹿的四肢粗壮，蹄比较大，主蹄与侧蹄间的蹄隙较长，这样主蹄与侧蹄的张开角度比较大，便于在沼泽地带行走。麋鹿的那条长尾巴，甩动方便，适于驱赶虫蝇之类。麋鹿的背部、四肢披覆着灰褐色的体毛，而腹部的体毛是浅黄而近乎白色。麋鹿每年要换两次体毛。3月左右第一次换毛，夏季长成的体毛呈棕红色，秋季（9～10月）换毛后，冬季长成的体毛呈棕灰色。但冬毛比夏毛要长而细密，适应于过冬御寒的需要。有意思的是有时麋鹿的角每年也脱落两次。第一次在2月前后长出，10～11月脱落，接着开始长第二副角，于第二年2月变硬脱落。

由于野生麋鹿早已绝迹，麋鹿的栖息地只能从它的化石的发现地与体形特点方面来推断，据推测它们可能生活在水草丰茂的沼泽地带。麋鹿喜食青草和一些水生植物（如嫩芦苇等）。麋鹿的发情期不固定，但在上半年发情的较多。大约在发情期到来前半年左右的时间，雄鹿就开始努力确立自己在鹿群中的领袖地位。确立了领袖地位的麋鹿，在发情期到来之前，用武力驱赶走所有的成年雄性麋鹿，自己独占鹿群中所有的雌性成年麋鹿。一只雄麋鹿的发情期长达数周，而一只雌麋鹿的发情期仅一两天。当了领袖的雄麋鹿，有时领导着由七八十只雌性成年麋鹿和幼鹿组成的麋鹿群。一只称雄的麋鹿，婚前要为称雄经常进行角斗，婚后又要为驱赶第三者和防备妻妾们逃跑而操劳，因而体力下降较多。这时它就会败在其他情敌的手下。因此，在发情季节，一群麋鹿常常要更替领袖。发情季节结束，被驱赶走的成年雄性麋鹿便又被允许回到群体中来。鹿群中便又恢复了和平、安宁的气氛。

麋鹿的怀孕期290天左右，也有超过10个月的，每到怀孕后期，雌鹿食欲明显下降，行动很缓慢，临产前自己会寻找安静、隐蔽的地方待产。雌鹿每胎产一仔，幼仔出生后不到半小时就能站立起来找母乳吃。哺乳期8个月左右。出生后一两天就有追随母亲奔跑的能力了。初生的仔鹿体重大约12公斤。体毛呈棕色，有白色毛斑，两三个月后毛斑自行消失。产仔后的一周左右，母鹿随群觅食，将幼鹿藏在较隐蔽的地方，并定时来喂奶，其余时间任由幼鹿睡眠度日。大约一周以后幼鹿就参加群体活动了。在群体活动时，幼鹿们大都聚集在一起。而母鹿凭着叫声和体味，能在幼鹿群中认出自己的子女。

仔鹿约两年后性成熟，雌性仔鹿长到两岁就可以受孕繁殖下一代。雄性麋鹿成熟期稍长一些，但是不长成4岁以上的大小伙子，是难以从其他雄性麋鹿那里争夺到配偶的。一头麋鹿的寿命在20年左右。

10多年来麋鹿的繁殖比较顺利，仅南海子鹿苑就已经达200头以上了。愿麋鹿这一珍贵物种在故土上重新繁盛起来。目前这一种珍贵动物已被国家列为一级保护动物。在我国以及世界各地的动物园中更是珍稀的观赏动物，人们争相观赏它那少有的“四不像”形态。

穿“红袜子”的白鹳

白鹳在分类学上属于鹳形目，鹳科，鹳属。白鹳又称老鹳，为大型涉禽类。涉禽，一般指生活在水边或沼泽地带，不会游泳的鸟类。

白 鹳

白鹳体长约120厘米，体重约4公斤。这些数据足以说明白鹳的个子较高，是体型硕大的鸟类。它的头部和背部的羽毛均为纯白色，它的尾羽和翅膀边缘的羽毛为黑色，黑得闪光发亮。白鹳的喙和腿都很长。我国的白鹳喙是黑色的，而欧洲的白鹳喙是红色的，扁圆锥形的长喙啄起食物来又准又有力。白鹳的那双长长的双腿呈粉红色或者暗红色，好像是穿了一双高筒丝袜。白鹳双眼周围裸露无毛的部分呈现红色，好似描了红眼圈似的，与它那红色的“高筒丝袜”相呼应，再加上黑白分明的体羽，真显得风度翩翩，威风凛凛。

白鹳飞行时常翱翔，速度缓慢。白鹳休息时常用一足交替站立，另一足弯曲。伫立时颈呈S形。白鹳足的后趾发达与前趾相对，除了在水中或沼泽地带站立，还可稳稳地站立在树枝上栖息。

白鹳喜欢栖息在僻静的靠近树林的开阔沼泽地区。主要啄食鱼类。在水边，白鹳把颈缩成S形，看似在若无其事地休息，其实它们是在等待食物自己送上门来，好来个“姜太公钓鱼”，因此人们又把白鹳称为“老等”。除了鱼类，白鹳爱吃的东西还有许多，比如蛙、蚯蚓、昆虫、蛇、蜥蜴等都是白鹳可口的美味。有文字记载，白鹳还特别能吃蝗虫。发生了蝗灾的地方，都会发现有成群的白鹳在那里，勇敢、迅速地捕食蝗虫。即使它们吃饱了，它们也要将剩下的蝗虫啄碎处死。所以白鹳在消灭害虫方面，为人们立了大功。白鹳在吃蛇的时候，充分显示了它的机敏，它先正面避开蛇的头部和其他危险部位，然后突然用它那扁而长的喙从后面用力地叼啄蛇的头部，轻而易举地就把眼前的这条毒蛇吃掉了。

白鹳是世界上较大的候鸟。我国的白鹳，每年10月迁徙到长江下游、福建、广东沿海诸岛和台湾越冬；第二年3月迁回繁殖地东北或新疆生活。

白鹳每年的繁殖季节在4月至6月。雌鹳和雄鹳发出上下喙互相敲击的求偶声，接着它们便相会在一起。雄鹳首先到达繁殖区占据一定的领域，准备建巢，或者使用以前的旧巢。白鹳的巢穴一般建在水域附近的高大的树枝上，它们的巢很大，一般高和宽有1米以上，内径70厘米，深约20厘米，巢穴用枯树枝搭成，巢穴内铺一些干草。1986年在苏联皮亚尔努-地区的一棵参天巨树上发现了一个巨大的白鹳巢，直径有5米多，重半吨左右，巢是用树枝、沙石、泥土、旧绳子造成的。而在非洲越冬飞回欧洲繁殖区的白鹳们，它们的窝往往搭在人们居住的屋顶上、烟囱上、塔楼上等处。白鹳不惧怕人类，喜欢和人类在一起生活。有的人为了让白鹳筑巢方便，往往在烟囱的上面造一个平台，欢迎白鹳来筑巢。在欧洲，白鹳被认为是“带来幸福的鸟”、“送婴鸟”，深得人们的喜爱。

在黑龙江省的林区，白鹳通常4月中旬产卵，每隔两天产一枚卵，当第一枚卵产下时，白鹳就开始孵卵，通常一窝产卵4~5枚。椭圆形、白色的卵，约重145~152克左右，与鹅卵相似。雌、雄鹳轮流孵卵，以雌鹳为主。孵化期约为30~34天，雏鹳孵出后，雌雄鹳共同育雏，雌鹳先将嗉囊中半消化的食物吐在雏鸟面前，供雏鸟抢食。天气冷了，亲鸟就用大翅膀把雏鸟搂盖上；天气热了，亲鸟就给雏鸟喂水降温。亲鸟到有水的地方，往自己的嗉囊里装满水，再飞回雏鸟面前，张开它的大嘴，让雏鸟喝水。当亲鸟发现了敌情时，它们就张开上下喙，拼命上下敲动，发出“哒、哒、哒”的像敲木头梆子似的响声，提醒雏鹳注意。

经过大约60天左右，雏鹳已经长大了，但是还不能完全离开它们的巢，还要进行艰苦的锻炼，鸟开始学习有力地拍动翅膀，接着练习滑翔，每次飞行10分钟到15分钟。飞行需要消耗大量的体力，因此小鹳们经常需要进食，它们进食仍然需要找它们的双亲哺喂。4个月后，小鹳已经进入青春期了。它们已经和双亲长得一般高了。到了10月，白鹳们开始离开繁殖区结群飞到它们过冬的地方。

白鹳分布在我国的东北、新疆一带。它们在此地繁殖，然后飞到长江下游、福建、广东沿海岛屿以及台湾岛越冬。目前在我国，白鹳的自然种群数量大量减少。在国际上也濒临灭绝。被定为世界濒危种，是我国的一级保护鸟类。

1983年11月在江西鄱阳湖西岸的沼泽地发现4群白鹳，约有260多只，是目前世界最大的白鹳群体。此地已被列为白鹳的自然保护区。

眷恋旧居的黑鹳

黑鹳又名乌鹳、锅鹳、黑巨鸡。黑鹳体形比白鹳稍小，为中型鹳，一般体长为85~110厘米，体重2.5~3公斤。黑鹳体羽主要是黑褐色，并闪着紫绿色的金属光泽，好似身着豪华的闪光缎，华丽而高雅，颏、喉至上胸为黑色，只有下胸和腹部为白色的羽毛。雌鹳的羽毛色泽比雄鹤稍差，但大体相同。黑鹳的长喙为红色，它的一双长腿和白鹳一样好像穿着一双红色高筒袜一般，也是红色，而它的眼周裸露部分也为红色。黑鹳的全身为黑、白、红三色组成，好像着了红妆、内穿白衣、身披黑色披风的美丽少女。

黑　鹳

白鹳和黑鹳原本是生活在一起的亲姐妹，很早以前它们共同生活在幽静的密林山谷之中，恰似两种着不同衣着的各有不同风度的亲姐妹一样。在2000多年前，白鹳离开了幽静的密林山谷，离别了黑鹳，到人烟较多的地方安家落户了。在这幽静的密林山谷中，远离人烟的地方，黑鹳悠闲地生活下来了。

黑鹳生活在山区，河流附近的树林、湖泊和沼泽地，也栖息于岩石峭壁上，单独或成对活动。由于惧怕人类，它们性情机警，听觉、视觉敏锐，稍有动静就凌空起飞逃走。因此人类很难接近它们。黑鹳飞翔时，头颈向前方伸展，两条长腿并拢并且向后伸展，成一直线，它的脚超过尾部，头可以左右摆动以便观察地面，飞行缓慢，翅膀扇动3－5次后便展开不动，呈滑翔姿态，显得很文雅、悠闲。

黑鹳的食物主要是鱼类，它也像白鹳那样捕捉蛇类，并吃掉它。它还吃软体动物、昆虫、甲壳类、河蚌等，有时也吃少量的植物。黑鹳很少鸣叫。

黑鹳的繁殖期在每年的4月份开始，它们喜欢用旧巢，把旧巢修理一番即可使用。它们也建新的巢穴。往往在林间的河谷，岩崖上的遮蔽处及树上搭巢。巢材为树枝，巢形一般呈浅碟状，内铺干草、苔藓、残羽、兽毛等物。黑鹳因是候鸟，它每年飞回繁殖地区时仍喜欢找到它的旧居，即使此时旧居已被其他鸟类占领，它也会竭尽全力，把占领者赶走，在旧居基础上建自己的巢穴，尽管在建巢和孵卵的过程中仍然受到这些鸟类的袭击，但黑鹳照样每年回到旧居进行繁殖，这个习惯一直未能改变。

黑鹳每年产卵一窝，每窝产卵3~5枚，卵为椭圆形，乳白色，上面分布有浅橙黄色的隐约斑块。卵重约60~70克，比白鹳的卵小得多。雌雄鹳轮流孵卵，以雌鹳为主，孵化期为36~38天，雏鸟出壳后，双亲共同育雏，雌亲鸟常留在巢内照看幼雏，而雄亲鸟则外出觅食，回来时不立刻把食物送入巢中，而是在离巢几米远的地方休息，观察动静，然后再把食物吐在巢中，一般要分3次吐完。每日平均要喂食3次，有特殊情况，比如受到惊扰，可以暂时不喂食。经过60~70天幼鸟便可离巢独立生活。到了9~10月份进入青年期的黑鹳便可跟随它们的双亲飞到南方越冬。

黑鹳分布于我国的大部分地区。我国东北、华北、甘肃等地为繁殖区，江西、福建、广东、广西、四川、云南及台湾等地则为越冬区。在欧洲、苏联也分布有黑鹳。

黑鹳是珍稀观赏鸟类，野黑鹳胆小怕人，但在动物园内较为容易饲养。黑鹳被列为世界濒危鸟类之一，我国把黑鹳列为一级保护动物。

鸟类明珠——朱鹮

朱鹮又称朱鹭，红鹤。在动物分类学上属于脊椎动物，鸟纲，鹳形目，鹮科。

朱鹮是世界公认的濒危鸟类。据文献记载，朱鹮曾广泛分布在亚洲东部，苏联的南部，中国的东北、长江下游、秦岭、台湾岛及日本诸岛，都有过朱鹮的踪迹。自20世纪30年代起，人类大量地捕杀朱鹮，使之变为自己的美味佳肴；再加上栖息地的树木被人类滥加砍伐；还有一些动物如乌鸦、豹猫、青鼬、猛禽等经常捕食，使得朱鹮的种群数量急剧下降，分布区明显缩小。到了50年代朱鹮基本绝迹了。到1982年8月为止，日本只剩下2只，我国的野生种仅有7只。这7只朱鹮的发现还有一段复杂经历。中国科学院动物研究所组织了一个调查小组，在1978年秋季开始，前后用了3年的时间，踏遍了万水千山，克服了重重困难，行程5万余公里，历经辽宁、安徽、江苏、浙江、陕西、甘肃、山东、河南、河北九省，终于在1981年5月23日和5月30日，在陕西省秦岭南坡洋县的金家河山谷，和距离金家河两公里的姚家沟一带的海拔1200～1400米的山林中发现了尚存的朱鹮营巢地。金家河有一对成鸟，4枚卵，但育雏没有成功，姚家沟的巢中发现3只幼鸟。这证明朱鹮在我国不但没有绝迹，而且还有繁衍后代的能力，拯救这种珍鸟免于绝种有了希望。

朱鹮自从被发现以后，世界各国的动物学家们把保存朱鹅的希望就寄托到中国身上。中国科学院动物所在姚家沟建立了一个"秦岭一号朱鹮群体观察站"，在朱鹮栖息的青桐林畔搭了观察棚。他们24小时值班，日夜用望远镜及其他仪器观察记录朱鹮的全部生活情况，研究朱鹮的生活习性，为以后朱鹮数量的增加，提供了宝贵的信息。

朱鹮的幼鸟羽毛颜色发灰色，随着幼鸟的长大，羽毛颜色逐渐变为白色。前面提到的《中国东部的鸟类》一书曾说，朱鹮有两种类型：白色型和灰色型的，这种说法不正确，所谓两类，实际上指的是它的成鸟和幼鸟。

朱鹮

朱鹮是一种美丽的中型鸟类，被称为东方鸟类的明珠。它体型较为肥硕。远远望去朱鹮的体羽为白色，走近观看全身雪白的体羽中的羽干、羽基、翅膀边缘的飞羽都略带淡淡的粉红色，初级飞羽为鲜艳的粉红色，闪烁着晚霞般的光辉。它的额顶和面颊都裸露无毛，且为朱红色。长长的喙略向下方弯曲，为黑色，喙尖为朱红色。后枕部有十几根冠羽，冠羽柳叶形长而下披，触及到后背部，别有一番俏丽的韵致。它的腿和脚都为橘红色，和它头部的朱红色遥相呼应。朱鹮的虹膜也呈淡红色。朱鹮的全身色彩基调为红色，有深有浅，恰似化妆师精心装扮的披着头纱的新娘，真是吉祥、喜庆之鸟。

朱鹮身长60～80厘米，体重1.5～2公斤，为中等体型的涉禽。

朱鹮栖息在沼泽、水田、河滩、溪流附近，多为群体活动。互相之间团结友爱，和睦相处，夜晚在高高的大树上栖宿过夜。朱鹮休息的时候，常呈“金鸡独立”的姿势，并且转动它那长度适中的颈部把喙插入背部的羽毛中，像是盘头养神，又像在向人们展示它那美丽的冠羽。朱鹮只有在白天才共同外出觅食，它们主要到水田、河溪、沼泽地中以鱼、虾、泥鳅、青蛙以及软体动物为食。它尤其喜欢吃泥鳅。

在每年的早春二月，朱鹮成双成对飞回繁殖地，要做的第一件事就是占领地盘，然后选择高大的树木；或者是高大的白杨树，或是松树，或是栗树，或是高大的青冈树，在距离地面10～20米左右的粗树枝上，早出晚归，叼材建巢。在建巢的过程中，它们经常遭到邻居比如喜鹊等其他鸟类的捣乱。它们只好一边产卵，一边补建巢穴，一直到所有的卵都孵化成雏鸟为止。

朱鹮一般每窝产卵2～4枚，每年产一窝。卵呈青绿色或蓝灰色，上面带有褐色的斑点，卵似鸭蛋样大小，每个约重60～75克。雌雄鸟轮流共同孵卵，经过近一个月的孵化，小朱鹮一个个出世了。幼雏绒羽为淡灰色，腿呈橘红色。幼雏为晚成鸟，不能独立生活，必须由双亲进行育雏。人们观察到小朱鹮的亲鸟将稻田里的泥鳅、水中的小鱼、青蛙、甲壳类动物以及昆虫，吞进食道的夹袋里，制成半流食，再飞回巢边。喂食时，亲鸟把嘴张开，先让最先出壳的雏鸟把喙伸进夹袋里掏食，然后再给第二个出壳的雏鸟喂食，然后是第三只……雏鸟吃饱了，就会把头低下。亲鸟每次喂食都严格按照这个顺序进行。如果一窝雏鸟数量较多，有4只左右，那么轮到最后一只雏鸟吃食的时候，亲鸟夹袋里的食物已经被前面的雏鸟吃光了。这样下来后面的雏鸟因为没有食物吃，身体会逐渐瘦弱下来，最后被弃之巢外。所以一般情况下，根据亲鸟的喂养能力，喂养2个雏鸟是理想的，喂养3只就吃力了。

在“秦岭一号朱鹮群体观察站”，1981年人们就发现一窝3只雏鸟中的“小三”因为吃不上食物，身体瘦弱，最后被弃之巢外。1985年一窝4只雏鸟中的“小四”也遭到遗弃。这种现象又一次证明了自然界中自然淘汰的残酷现实。

后来人们一旦发现了朱鹮有弱雏在挣扎，就立即从巢中取出，送往北京动物园，由人工精心饲养。遇到有弃之巢外的幼雏，也同样处理。现在北京动物园至少有5只以上的朱鹮就是在这种情况下送来落户的。

雏鸟由于进食半消化的食物，因此长得很快，大约1个月就能长大，可离巢觅食。1~2年性成熟，寿命20~30年。

朱鹮目前仅分布于我国陕西省的洋县，为世界最濒危的鸟类之一，列为我国一级保护珍禽。在1983年在陕西省洋县建立了朱鹮自然保护区，面积达20平方公里。

我国独有的珍禽——黄腹角雉

黄腹角雉，在分类学上属于脊椎动物门，鸟纲，鸡形目。雉科，角雉属。

黄腹角雉为我国特有物种，体形比家鸡略大，体长约60厘米，尾长

20~23 厘米，体重约 1.5 公斤。雌雄雉羽毛颜色不同，雄鸟羽毛色彩极其华丽，头顶具有前面为黑色、后面为橙红色的冠羽。冠羽下面隐藏着一对长约 20 厘米的翠蓝色肉质角，喉下长着一个橙黄色的肉质裙。身上的羽毛大部分为粟红色，其间点缀着许多卵圆形的黄色斑块，圆形斑块的周围镶着黑色的边。身体下部呈皮黄色，因此得名黄腹角雉。雄雉的尾为棕黄色，尾的尖端布有黑色的横带，尾部为钝圆形。雌雉个体稍小于雄雉。上体羽毛主要呈棕灰褐色，其间散布有形状不规则的黑褐色或白色的斑纹。雌雉的肉角没有发育，也没有肉裙，还没有冠羽。雌雉的体色显然不如雄雉华丽。

黄腹角雉

黄腹角雉生活在海拔 800~1400 米的亚热带常绿阔叶林、落叶阔叶林和针叶林的混交林内，经常在流水的沟谷中、灌木丛林中觅食，主要吃植物的嫩叶、花、浆果、种子，也吃少量的昆虫。到了秋季、冬季主要吃青岗的种子，交让木的叶和果实。这些树木数量极少，只生长在人迹罕至的高山地区。因此就决定了黄腹角雉生存范围狭小，数量也就极少了。所以黄腹角雉这种我国独有的珍禽被定为国家一级保护动物，也是世界濒危物种。

3 月中旬黄腹角雉开始发情，在发情求偶期间，雄鸟常在清晨时发出短暂的、激烈的、好像婴儿啼哭的声音。这声音实际上是求偶的鸣叫声，这声音对人不怎么好听，可是对于雌鸟来说，却是非常美妙的声音。与此同时，雄鸟在雌鸟面前上下起伏，它那位于头部后方的冠羽不断竖起，抖动它那暗蓝色的肉角（有 3 厘米长），以引起对方的注意。雄的黄腹角雉平时肉裾比较小，不显眼，到了发情求偶期也变得颜色特别鲜艳，翠蓝色的条纹纵横交错在充血膨胀的肉裙上。那条纹远看似繁体的“寿”字，故有人又称其为“寿鸡”。其肉裙交替舒缩，突然充血膨胀展开，下垂在胸前，一边抖动，一边鸣唱，直到使得它面前的雌鸟满意为止。

黄腹角雉的巢筑在高大的树干上，而且非常简陋，雌鸟把枯树枝等较细的枝条，用腹部压成一个浅浅的窝，这就是它的巢穴。4月初产卵，卵的大小比鸡蛋稍大，为土棕色，其间分散有褐色的细点。产卵时不是一次都产出，而是隔日产1枚卵，平均每窝2~4枚左右，每年产1窝。

孵卵的任务由雌鸟担任，雌鸟在孵卵期间非常认真负责，每天只离开巢1个小时左右外出觅食。有时遇到天气不好，或下雨天，雌鸟可以1~2天不离巢，它用自己的身体或张开双翅把雨水挡住，以保持卵的温度。一般情况下，孵化期为28天左右。出壳的雏鸟身体表面布满了棕褐色的绒羽，在出壳的当天，雏鸟即可扇动它那幼小的双翅，这说明雏鸟的翅羽成熟得很快。雏鸟出壳之后，亲鸟对它还是百般地爱护，一直用身体给雏鸟保暖，一直到第三天的清晨，雌鸟才带着雏鸟从巢中飞落地面，雏鸟跟随雌鸟到处寻觅食物。幼鸟生长发育较为缓慢，一般两年以后才能发育为成鸟，性成熟。

由于黄腹角雉飞行能力差，行动缓慢，反应迟缓，易被天敌捕食，故又称“呆鸡”。加上它生存的环境范围狭窄，繁殖能力差，性成熟时间长，人为的捕猎等等因素，黄腹角雉现已成为濒危物种，被列为我国一级保护鸟类。1975年在黄腹角雉的原产地浙江省泰顺县乌岩岭建立了自然保护区，面积达到6.1平方公里，并于1987年首次人工繁殖成功。1986年又在广西建立了西岭岗自然保护区，面积有200平方公里。1988—1989年又在北京师范大学内人工饲养并繁殖出幼鸟，且两年以后达到了性成熟，1990年进行人工控制光照促使发情提前的实验，同样获得成功。经人工驯养的黄腹角雉，提前一个月发情并产卵成功。黄腹角雉将在数量上有所增加。

没有角的褐马鸡

褐马鸡因其身上的颜色是以褐色为主的，并且较深而得名。它是一种大型的雉科鸟类，体长80~100厘米左右，尾长40~60厘米，体重2~3公斤左右。褐马鸡的眼周围裸露无羽，皮肤呈鲜红色，喙为粉红色。它最大的特点有两处，一处是它的颏和喉的上部是白色的羽毛，与它的白色的耳羽毛连接起来，而且这两簇白色的耳羽又向头后面的斜上方伸出，好像两只角，所以又称为角鸡。另一处是它的腰部和尾上覆盖着银白色的羽毛，尾羽的基部为银白色，而到了末端则变成黑色，这黑色里泛着紫蓝色的闪光。褐马鸡的尾羽共有22枚，中间的尾羽特别长，向上高翘于其他尾羽之上，又披散垂下来，羽毛离散而蓬松，像马的尾巴。它的腿和足都呈珊瑚红色。

褐马鸡

区分雌雄性主要看它们足上有无距。有距的为雄性，无距的为雌性。

褐马鸡喜群居，多在海拔2000多米的高山密林中栖息。那里的山坡上长着大量的云杉、橡树、油松等，林木繁茂，灌木丛生。褐马鸡夜间跳到树上休息，白天觅食。它们食植物的种子，如松子、橡子等，也吃小的昆虫、蚂蚁，有时也吃农作物，如豌豆、莜麦等。在取食的时候，常有1只褐马鸡在高处放哨警戒。

三月下旬左右，雄性之间为了求偶，互相之间进行激烈的争斗，胜者与雌鸡结对，形影不离。五月左右，它们开始筑巢，巢建在灌木丛中，用树叶、杂草筑成。每窝产卵9~14枚左右，卵如鸡蛋大小，约重60克左右，淡褐色。孵卵的任务主要由雌鸡完成，不管外界发生什么情况，雌鸡都坚守岗位，而雄鸡则担任保卫工作。雌鸡只有在觅食时才每日离巢一次，离巢之前，还不放心，还要在周围叼一些树叶、小草盖在卵上。这个习惯动作不知是为了掩护卵还是给卵保温，也可能二者都有吧。经过大约26~27天，雏鸡破壳而出，这时亲鸟就带领它们去觅食。弃巢之前，亲鸟还要在巢里排下粪便，把巢弄得又脏又乱。人们现在还不理解这种奇怪的动作到底是为了什么。

褐马鸡还有一些鲜为人知的趣闻。

褐马鸡翅膀短，自然飞行能力就差。然而它们栖息在山林中，总免不了要上山觅食。可是它又飞不上去，怎么办呢？它们就一边上山一边觅食，日久天长，褐马鸡就善于快走了。到了山顶再滑翔下山，它们就是这样上山下山觅食。如果遇到敌害如鹰、狐狸等，褐马鸡是绝不会逃跑的，它们会奋起拼搏，非拼个你死我活不可。古代把褐马鸡称为“䴙”，古人非常赞赏它的不怕死的精神，《本草纲目》中对它是这样描写的：“鹖鸡猛气，其斗期于必死，今人以鹖为冠，象此也。”古时的皇帝将褐马鸡的尾羽装饰在帽子上，称为“鹖冠”，并赏赐给他的部下，出土文物秦陵铜车马上的御官俑，戴的就是“鹖冠”。皇帝赐鹖冠可以追溯到汉武帝时，一直到清朝官员们的顶戴花翎。它们的用心在于鼓励臣下学习褐马鸡的不怕死的战斗精神。

古代是这样，近代呢？到了近代，“鹖冠”消失了，随之而来的就是外国的贵妇、小姐常戴用褐马鸡尾羽装饰起来的另外一种类型的帽子。戴上这样的帽子显得地位高贵。这时大量褐马鸡被运往欧洲，成了能换取重金的商品。这样在很短的时间内，褐马鸡几乎绝迹。

褐马鸡只分布在山西和河北部分山区，为我国特有的珍稀濒危鸟类，已被定为国家一级保护动物。近年来已建立了山西芦芽山、河北小五台山褐马鸡自然保护区。

活化石——矛尾鱼的发现

大家已经知道两栖类是由总鳍鱼目上陆进化而来的。总鳍鱼目下分两个亚目，骨鳞鱼亚目是上陆了，可另一种鱼却舍不得离开水，始终没有上陆，矛尾鱼就是这种鱼的代表。以前发现的矛尾鱼是生活在泥盆纪时期的化石，从地层的沉积环境上看是生活在淡水中的，后来在三叠系地层中发现了它的化石，这时的沉积环境已是半咸水或海水了，表明它从湖泊中游到了河口处，而且仍在往海里迁移；再后来，中生代海相地层中就没再发现它的化石了，专家们断定它已经绝灭了。

可是在1938年12月22日，在非洲东海岸，靠近一条小河河口的海中，当地渔民钓上来一条活的矛尾鱼，这条鱼一下子轰动了全世界的学术界。可惜这条鱼出水仅活了3个小时，而且防腐不好已经烂掉，仅剩下一张鱼皮。相隔14年以后，1952年12月20日夜，终于在马达加斯加岛西

矛尾鱼

北方向的海面上又捕到第二条矛尾鱼。从捕获的情况来推测，矛尾鱼是生活在200～480米深的海水里，体长介于1.2～1.8米，体重30～80公斤，它体形圆厚，腹部宽大，口中长着尖锐的牙齿，在解剖它的肠胃时发现有鱼的残骸，证明它是肉食性的鱼类，由于深水中比陆地上的压力大很多，它们出水后因不适应突然减压而很快地死亡。但是从形态上看，化石中的古老种类和现今生存的种类差别不大，只是今天的矛尾鱼体形大，胸鳍更大些，内鼻孔没有了，气鳔只留下一点点痕迹，而早期空棘鱼类的气鳔因向肺演化曾是很大的，推测是因为后来长久地适应深海环境，压力大的结果，内鼻孔消失，鳔也逐渐变小了。

矛尾鱼的发现究竟有什么启示呢？总鳍鱼的鳍中有中轴骨骼，末梢各小骨都依靠着中轴骨和身体互相连接，总鳍鱼鳍内骨骼的排列方式和原始四足动物（原始两栖类）的四肢骨有些相似。因而人们推想：四足动物的四肢是总鳍鱼类的胸鳍、腹鳍演化而来的。在水底它可以用这种鳍支持自己的身体，若调整到合适的方位，还可以用这种鳍勉强地爬行几步。不过化石所提供的情况还不足以充分证实人们的推想。矛尾鱼的发现不但可以了解它各部分结构的功能，更可以在它们活着的时候来观察它们活动的情况，有人在观察第八条矛尾鱼时，证明了它们的胸鳍几乎能作各个方向的转动和安置姿势，这也就更有力地支持了由鳍演化成四肢的推测是正确的。

离开水的鱼

俗话说“鱼儿离不开水，花儿离不开阳”，这是一般规律，但有少数

“异想天开”的鱼想离开水并成功地离开了水。

鱼要离开水必须要具备条件，即外界的生活环境和内部身体结构。在石炭纪时期陆地上植被茂盛，低地、沼泽中生长着大量的蕨类植物，其中树蕨茎干可达半米，高有15~25米，形成了全球性的第一个造煤时代。植物的大量生长，改变了陆地原始荒凉的面貌，在湖边河岸形成了气候潮湿带，同时稠密的树叶遮挡了阳光，减少了土壤中水分的蒸发，也为两栖类登陆后避免阳光直接照射提供了保护，还为它们准备了“粮食”。

从身体结构上看，要想登陆就必须解决两个关键问题，那就是呼吸和支撑。总鳍鱼类已进化出了一对内鼻孔，这就是由外鼻孔通往口腔的开口，表明鼻孔与口腔已经串通好了。以后的陆生动物口上面都有这对内鼻孔，空气由外鼻孔进去，经过嗅囊和内鼻孔进入口腔，再由气管进入肺部。当两栖类已经出现在水陆之间时，它的肺仍不能独立承担呼吸的重任，在幼年时水中呼吸时仍用鳃，成年后皮肤也帮助它呼吸。

总鳍鱼的胸鳍、腹鳍有很厚的皮肉，好像一个短柄的船桨，鳍中有一块中轴骨骼，其余的小骨都是依靠中轴骨与身体相连的，这样鳍在转动时就能够改变方向，起到支撑身体并爬行的作用，由于需要经常运用，鳍这附肢便进化得最快，在身体其他部分还很原始的情况下，就能将身体支撑起来，离开水上岸活动了。

又是什么原因使总鳍鱼上岸呢，难道真是它“异想天开”了？当然不是，上岸是外界环境造成的，也可以说是被逼迫的。上面我们已经知道骨鳞亚目是两栖类的祖先，它们生活在淡水中，也就是河湖中。地质历史上河流、湖泊总是在变化的，例如河流改道，故道就形成了湖；河流除了向湖注水外还注入泥沙，最终将湖填满形成沼泽；湖边的蕨类植物质地疏松，死亡后往往会倒进湖泊腐烂，使水浊化，氧气不足。在这些不利因素下，骨鳞鱼为生存就需要把头探出水面，利用简单的肺呼吸新鲜空气，当湖泊成为沼泽无法栖身时，需要靠鳍的支撑爬行到另外的水塘中去，在水中食物缺乏时也要靠鳍爬上岸吃一些植物以活下去，由于这种不停的锻炼，终于发展成为能够自由上岸活动的动物，身体结构也发生了很大的变化。早期的两栖类体表原来的鳞片演化成骨甲或坚硬的皮膜，除防止水分过分蒸发外，还保护了身体在爬行过程中被碎石或树枝划破，以后进化的动物也都继承了这种保护性皮肤，并有了各种发展，如爬行类的鳞片和骨板，鸟类的羽毛、哺乳类的皮毛等。

两栖类虽然优于鱼类，但它还保留有很多的原始性，首先产卵仍然要在水中孵化，幼体出生后也要在水中生活一段时间，即便是成体也不能长时期待在干燥无水的地方，不时地需要跳进水中湿润皮肤，而皮肤也只有在水中才能起呼吸作用，因此它们并不能算是真正的陆生动物，而是陆生与水生动物之间的过渡类型。

这类动物除我们现在所见到的青蛙、娃娃鱼外，其化石代表有虾蟆螈，从头到尾长 3 ~4 米，仅头骨就长 1. 2 米，蚓螈长 1. 5 米。它们主要繁盛在二叠纪和三叠纪，那时爬行类已开始出现，但还未在数量上占据优势。因此古生代末至中生代初这段时间乃是两栖类的天下。但好景不长，三叠纪时期爬行类比它们更适应陆地的优势渐渐表现了出来，并在三叠纪末期取代了它们。两栖类在历史中仅繁盛了 8500 万年就退下了舞台，比鱼类要短得多。

鳄鱼的进化史

鳄鱼的祖先是古生代末期从两栖类中分化出来的。中生代一开始，鳄鱼就在没有天敌的大地上四处漫游，大量繁殖后代、扩大地盘，把两栖类赶下了水，不许它们远离水边，否则就吃掉它。它们竞争不过鳄鱼，鳄鱼的身体结构比它们强多了。首先，鳄鱼的脑量比它大，智力要比它们聪明，头上骨板愈合多，结构简单了，行动方便，而且在头与胸部之间又长出了脖子，这样身体不动，头也能上下左右地转动，这是极大的进步。另外，鳄鱼皮肤角质化或鳞甲化，保护了体内的水分不从皮肤表面丧失、呼吸全靠肺，完善了肺的功能、四肢各趾间不再有蹼，便于陆地行走，就连产卵也不用再回到水里。鳄鱼的卵外面有一层钙质的硬壳，称为蛋，所包含的水分足够小生命需要，而且陆地比水中安全，下蛋后不用管，靠阳光就能使它们孵化出来，这样鳄鱼就彻底地摆脱了水的束缚。鳄鱼的神经系统也比两栖类发达，负责四肢运动的脊椎神经（中枢神经）在腰部膨大形成一个神经节，能及时处理运动中出现的问题，就连鳄鱼的眼睛都进化了，长出了眼皮，具有湿润和保护眼球的双重功能。

鳄鱼在中生代是最先进的动物，是陆地的征服者和统治者，按照不同的生长习惯，鳄鱼辐射出了很多的种类，人类专家称其为辐射繁衍，并把鳄鱼分划出了17个目。现在是恐龙热，外行人以为在中生代鳄鱼的祖先都是恐龙，其实错了。“恐龙”一词专门指两个目的爬行动物，它们是蜥臀目和鸟臀目，其他目中的动物尽管也可以叫某某龙，但绝不能称为恐龙。人类在研究恐龙时发现它能直立行走，不禁感到奇怪，因为直立行走是哺乳类的标志，而鳄鱼是该爬着走，怎么会出现直立行走的爬行动物呢？其实这道理很简单，要知道判断一种动物的分类绝不能靠辅助的特征来定，如果用“会说话”来定义人的标志，那么八哥、鹦鹉也都可以是人了。哺乳动物与鳄鱼最本质的区别在于是胎生和哺乳，而鳄鱼的表兄——恐龙，不过是想改革一下身体结构，其本质并没有变。在鳄鱼发展的鼎盛时期——侏罗纪，一种不起眼的小动物出现了，它们大小如现代的老鼠，常被表兄弟们捕食，尽管那时不知它是什么动物，但对鳄鱼没有任何威胁。直到那次大灾难过后，它们的适应力强，一下子繁殖起来，把鳄鱼的地盘给夺走了。它们便是哺乳动物。

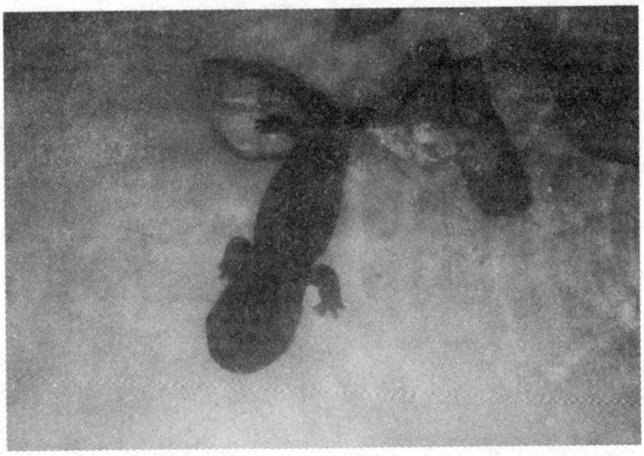

娃娃鱼

那次大灾难听起来真是万分可怕，一团大火伴随着巨大的响声从天而降，落地后发生了山崩地裂般的大爆炸，当时就炸死了鳄鱼的一大批同类，爆炸引起的大火烧毁了森林，烤干了湖泊；树木燃烧冒出的浓烟、空气中的尘土和动物尸体烧焦后弥漫的气味，呛得鳄鱼们喘不过气来。更可怕的是，大爆炸还诱发了地震，导致了火山喷发、岩浆溢出地面，一条条“火龙”四下奔流，摧毁、烧掉阻挡他们的一切物体，比霸王龙厉害万倍。天上又落石如雨，打在身上既痛又烫，又使不少的鳄鱼们受伤致死……可怕的灾难也不知持续了多长时间。终于平静下来了，可一切都变了样，昔日晴朗的天空被烟尘染得黄黑；太阳不明亮了，用肉眼都可以直接看它；地面上大片森林消失，大批动物死亡，活着的又受到饥饿和疾病的折磨，常有同伴不断地倒下。那些哺乳动物，此时变得机灵多了，想吃它们也困难多了，相反它们却以鳄鱼同伴的尸体和鳄鱼的蛋为食，大量地繁殖起来。森林毁了，空地上长出的那些草本植物（即被子植物）也不符合鳄鱼们的胃口，几经折腾大伤了鳄鱼爬行动物家族的元气，不但恐龙死光了，就连其他的表兄弟们死得也差不多了，大地上仅剩下鳄鱼、龟、蛇和蜥蜴这四目了。

禽 龙

禽龙，在恐龙家族中是一个赫赫有名的成员。专家对它的印象就如同少年同学们对霸王龙那样深刻。因为，在恐龙化石中，人们最早发现的恐龙便是禽龙。但是，发现禽龙的人并不是一位专业人员，而是一位英国普通的乡村医生，叫曼特尔，他的业余爱好是采集化石。1822 年，曼特尔夫妇发现了一种不寻常的牙齿和骨骼化石，他们把标本寄给法国古生物学家居维叶。居维叶认为发现的牙齿是大型哺乳动物的，可能是绝灭了的犀牛一类；而骨骼可能是一种河马化石，因而断定化石生存的年代不会太古老。曼特尔对居维叶的鉴定有怀疑，又把标本邮给英国古生物学家巴克兰，巴克兰听说居维叶已看过了，又从经验主义出发，便不假思索地同意了居维叶的鉴定。

但是曼特尔并没有相信居维叶所作的鉴定，在无法得到专家帮助的情况下，他决心自己动手研究。经过 3 年多的学习和实践，终于从大量可靠的资料中得出结论，认为这不是任何哺乳动物化石，而是一种年代久远、早已绝灭了的爬行动物，是过去从未发现过的，于是给它起名叫“禽龙”。后来，禽龙化石在英国、比利时等地大量发现，证实了曼特尔的正确鉴定。

由化石可以推知：禽龙身躯高大、体形笨重、尾部粗而巨大，体长一般在 10 米左右，体重十几吨重。它的前肢较短，但坚实有力，前肢有 5 个指头，末端无爪呈“人手状”。最特别的是，禽龙的大拇指变大而成为一副尖利的“钉子”般的装备，这是它们的自卫武器。可以想象，当它遇到想要吃它的霸王龙时，就用这种大而尖硬的“钉耙”去刺伤敌手，禽龙是形形色色鸟脚龙类中的一员，因为它们常用两脚行走，两腿直立的姿势和它们脚的三趾构造，与现代的鸟禽颇为相像，所以人们叫它“禽龙”。禽龙的后肢很长且粗壮有力，脚趾分节宽而浑厚。禽龙大部分时间靠后肢行走，但有时在茂密的丛林、湿热的沼泽或宁静的湖畔寻食、饮水、漫游时，也会用四足缓慢行走，但是遇见了霸王龙，还是要用两只后脚逃命的，因为这样速度更快，尽管如此，它还是在白垩纪的末期，就被霸王龙给绝灭了。

禽龙是由原始的鸟脚龙类进化来的，在体形上与弯龙极为相似，所以人们又称禽龙是“放大了的弯龙”。禽龙的头骨长而低平，鼻孔部位呈宽扁的喙状，并有一层角质覆盖，加上它们长在牙床上到一定时期自行替换的单排牙齿，就像一台食物磨碎机，把吃进口中的树叶、枝条磨碎咽下。鸟脚龙类的恐龙都是素食者，即吃植物的，禽龙生活的时代，气候炎热、森林繁茂；湖泊、沼泽星罗棋布，由此促进了它们向大型化发展。

我国是世界上恐龙化石种类最多的国家之一，禽龙化石也有发现，但是有些曲折。1929 年古生物学家杨钟健在陕西神木县首次发现了禽龙的脚印化石，它印在岩石上趾痕清晰，栩栩如生，是研究禽龙脚趾构造和形态的生动记录，是大自然为禽龙活动拍摄下来的特写镜头。当时专家们就预言：中国的地下埋有禽龙的化石。44 年过去了，1973 年终于在内蒙古乌蒙地区发现了白垩纪时期的禽龙化石，为专业工作者了解和研究禽龙的形态增添了新的资料。禽龙是最早发现的恐龙之一，禽龙的发现为探索爬行动物的进化揭开了新的一页。

鸭嘴龙

鸭嘴龙是恐龙家族中的晚辈，生活在距今 6500 万年前的晚白垩纪时期，在爬行动物中属于双孔亚纲、初龙次亚纲鸟臀目、鸟脚亚目的动物，它的嘴既扁平又长，像鸭嘴一样，因此得名。从出土的化石知道，鸭嘴龙前肢有四趾，后肢有三趾，它的后腿粗大且尾巴很长，共同构成三脚架的姿势支撑着全身的重量；而前肢短小高悬于上部，可协助嘴来摄食树上的枝叶；它的牙床上长着成百上千的牙齿，这些棱柱形的牙齿成层镶嵌排列，上层磨蚀完了，下层长上去补充，这种结构可以加快咀嚼速度并适应硬壳粗纤维的植物。鸭嘴龙分两种，头部有顶饰的棘鼻龙和无顶饰的平顶龙，前者以青岛龙为代表，后者以山东龙为代表。以前专家以为头上的顶饰是它高高在上的鼻孔，这种结构适应水中生活，它应该是会游泳的，趾间应该有蹼。但80年代在美国出土了一具鸭嘴龙的干尸，却表明趾间无蹼。不过从身上长有鳄鱼似的皮肤来推断，它也能适应水中生活，所以这是水陆两栖生活的：陆地靠前爪吃树叶，水中用平扁的嘴来铲食水草。

鸭嘴龙也是我国所发现的第一条恐龙，产于黑龙江省嘉荫县的龙骨山。这里由于受到黑龙江水的长期冲刷，使恐龙化石不断地暴露出来，散布在江边的泥滩上，当地渔民发现了这些大骨头化石。

从出土的恐龙化石来推断，白垩纪晚期的黑龙江流域并不像现在这样寒冷，而是气候温暖、四季如春、土地湿润、植被繁茂，相当于今天海南省的气候。到了中生代末，除了天灾外，欧亚板块不断向北飘移，气候开始变冷和干旱，许多植物、动物死亡，恐龙也随它们一起灭绝了，它们的尸体埋藏在浅湖沉积的泥沙中，天长日久地下水中的矿物质渐渐渗透进骨头中而形成化石。以后的地质运动又将这里抬升形成了今天的龙骨山。

蛇中巨人——蟒

蟒在分类学上属于脊椎动物，爬行纲，蛇目，蟒科。

蟒科内的动物可以说是蛇类中体型最大的一类动物了。世界上最大的蟒叫水蟒，也叫森蚺。它产自南美的热带森林中，体长可达11米左右，腹部直径最粗约为35厘米左右，体重能有300多公斤重。中国产的蟒是印度蟒的一个亚种，长约5~7米，体重约有60公斤左右。蟒的体表覆盖着鳞片，并具有非常独特的美丽的金黄色的花纹。中国古代并不把蟒称为“蟒”，而称它为“蚺”。

蟒一般生活在山区的森林中。蟒是热带的动物，所以它喜热怕冷，在动物园里饲养的蟒，温度要有保证，还要有树木、草地、水池及供它冬眠的地洞，这样蟒才能很好地生存下来。

蟒是肉食性动物，它吃鸟、兔、鼠、鸡等。蟒饱食后，可以和这些动物和平共处，但当它饥饿时，会立刻把这些动物吞下肚中。别看蟒的腹径最粗也就一尺左右，它也能吞下比它的腹径大许多的大型动物。蟒捕食的时候，先是用突然袭击的方式咬住猎物，然后用身体把猎物缠起来，并且越缠越紧，最后把猎物体内的骨头缠碎后从头部开始吞食。

蟒

据记载，十几年前在香港，有一条蟒蛇捕食一头几十斤重的小牛，也是由头部吞吃，整个吞到肚里后，它自己的肚子也被牛蹄子弄破了，疼得躺在那里不能动。最后在人们的帮助下，蟒吐出了小牛，又被放回到野外去了。有人还看到一个身长十几米的大蟒吞下一头雄狮后，它的肚子鼓起有 1 米多粗。

秋天来到了，蟒更加频繁地进食，到了寒冷的冬天，蟒体内已经贮备了大量的能量，这些能量足以使它可以用冬眠的形式度过寒冷而漫长的冬季。到了 4 月春天来了，万物复苏的时候，蟒的冬眠期结束，开始外出活动、觅食。

每年 6 月左右，蟒进入产卵期，每窝产卵几枚到数十枚不等。卵大约重 75～100 克左右，像鸭蛋那么大，白色，卵壳不是像我们常见的鸡蛋、鸭蛋的壳那么硬，而是又软又有韧性。雌蟒将卵堆在一起，并将身体盘卷在卵上孵卵。雌蟒在孵卵期间的体温比其他时间要高，这样有利于卵的孵化。孵卵期约有两个月，在这两个月期间，雌蟒不吃不喝，耐心孵卵，直到小蟒破壳而出。小蟒从破壳到爬出蛋壳约需一天左右的时间。刚出世的小蟒有 150 克左右重，不到两尺长。这些小蟒从破壳而出之时起，就开始了自己的独立生活。

许多人也许不知道，蟒是无毒的动物。蟒的外表非常可怕。人们总以为它会主动伤害人类。而在巴西，人们常把蟒进行饲养、训练，让它和人们在一起生活。经过训练，它能照看并保护外出的孩子，使孩子不致被毒蛇伤害。

蟒很粗大，一般的人把捕捉蟒蛇当作一件很困难的事情，其实捕蟒并不算难，据古书上记载，将带有汗腥臭味的脏衣服盖在蟒的头上，它会很听话地任人摆布。

蟒主要分布在我国南方的两广、云南、贵州、福建、海南等地，在国外蟒主要产于印度支那地区，蟒为国家一级保护动物。

南方人多喜爱吃蟒肉，蟒的皮可制革，可制工艺品、乐器，其他部分也可药用。国内许多动物园内都有蟒蛇供人们观赏，所以蟒的经济价值还是较高的。

没有眼泪的扬子鳄

扬子鳄在分类学上属于脊椎动物，爬行纲，鳄目，鼍科。

扬子鳄又名鼍，或称中华鼍、土龙、猪婆龙。将扬子鳄称为鼍，早在商殷的甲骨文里就有记载了。古人常认为鼍是龙的一种。李时珍的《本草纲目》一书就将扬子鳄称为“鼍龙”。老百姓则将它称为“土龙”“猪婆龙”。总之古代人们将扬子鳄视为“龙”。

扬子鳄

扬子鳄身长两米左右，体重10～30公斤，全身明显地分为头、颈、躯干、四肢和尾。全身皮肤革制化，覆盖着革制、甲片，腹部的甲片较软。背部呈暗褐色或黑黄色，腹部为灰色，尾部长而侧扁，有灰黑或灰黄相间的条纹。它的尾是自卫和攻击敌人的武器，在水中还起到推动身体前进的作用。它的四肢较短而有力，一对前肢和一对后肢有明显的区别：前肢有五指，指间无蹼；后肢有四趾，趾间有蹼。这些结构适于它既可在水中也可在陆地生活的特点。

扬子鳄的吻短而圆，吻的前端生有鼻孔一对。有意思的是，它的鼻孔长有瓣膜可开可闭。眼为全黑色，且有眼睑和瞬膜，所以扬子鳄的眼睛可张开、可合闭。

扬子鳄是水陆两栖的爬行动物，喜欢栖息在人烟稀少的河流、湖泊、水塘之中。它大多在夜间活动、觅食，主要吃一些小动物，如鱼、虾、鼠类、河蚌和小鸟等。它忍受饥饿的能力很强，能连续几个月不进食。

人们常用“鳄鱼的眼泪”，来比喻那些假惺惺的人。因为人们看到扬子鳄在进食的时候常常是流着眼泪在吃一些小动物，好像是它不忍心把这些小动物吃掉似的。其实它的眼泪并不是出于怜悯，而是由于它体内多余的盐分主要是通过一个特殊的腺体来排泄的，而这个腺体恰好位于它的眼睛旁边，使人们误认为这个腺体分泌的带有盐分的液体就是它的眼泪。当它在进食的时候，腺体恰好在分泌带盐分的液体，所以人们常常认为它是在假惺惺怜悯这些小动物了。

扬子鳄有冬眠的习性，因为它所在的栖息地冬季较寒冷，气温到0℃以下，这样的温度使得它只好躲到洞中冬眠。据观察，它冬眠的时间从10月下旬开始到第二年的4月中旬左右结束，算来扬子鳄冬眠的时间有半年之久。它用以冬眠的洞有些不一般，洞穴距地面两米深，洞内构造复杂，有洞口、洞道、室、卧台、水潭、气筒等。卧台是扬子鳄躺着的地方，在最寒冷的季节，卧台上的温度也有10℃左右。扬子鳄在这样高级的洞内冬眠，肯定是非常舒适的。它在冬眠的初始和即将结束的这两段期间内，入眠的程度不深，受到刺激能够有反应。中间这段时间较长，且入眠的程度很深沉，就好像死了似的，看不到它的呼吸现象。

刚刚从冬眠中苏醒过来的扬子鳄，首先要全力以赴去觅食。过不多久，体力充分恢复后的扬子鳄们，雌雄之间开始发出不同的求偶叫声和雌雄一呼一应，在百米之外可听到雄鳄洪亮的叫声，雌鳄较为低沉的叫声。它们以呼叫声作为信号，逐渐靠拢，聚合到一起。这时大约已经到了6月上旬。扬子鳄在水中交配，体内受精。到了7月初左右，雌鳄开始用杂草、枯枝和泥土在合适的地方建筑圆形的巢穴供产卵用。巢穴建成以后，产卵期也到了。7月中旬左右雌鳄开始产卵，每巢约产卵10~30枚。卵为灰白色，比鸡蛋略小。卵上面覆盖着厚草，此时已是夏季最炎热的季节了，很快，部分巢材和厚草在炎热的阳光照射下腐烂发酵，并散发出热量，鳄卵正是利用这种热量和阳光的热能来进行孵化。在孵化期内母鳄经常来到巢旁守卫。大约两个多月的时间，母鳄在巢边听到仔鳄的叫声后，会马上扒开盖在仔鳄身体上面的覆草等，帮助仔鳄爬出巢穴，并把它们引到水池内。仔鳄体表有橘红色的横纹，色泽非常鲜艳，与成鳄体色有明显的不同。

需要说明的是，在扬子鳄的群体中，雄性为少数，雌性为绝对多数，雌雄性的比例约为5:1。这是一种有趣的自然规律。动物学家们经过研究才发现：纯吻鳄的受精卵在受精的时候并没有固定的性别。在它的受精卵形成的两周以后，其性别是由当时的孵化温度来决定的。孵化温度在30℃以下孵出为的全是雌性幼鳄，孵化温度在34℃以上孵出来的全是雄性幼鳄。而在31~33℃孵出来的，雌性为多数，雄性为少数。如果孵化温度低于26℃或高于36℃，则孵化不出扬子鳄来，扬子鳄的受精卵在孵化时大多在适宜孵化雌性的气温条件下，这就造成了雌多于雄的情况。

扬子鳄为我国淡水所特有的珍稀动物。它只产于我国安徽和江苏境内的长江下游一带。分布范围狭小，而且现存数量极稀少。

扬子鳄的珍贵还有另外一层原因。鳄类早在两亿年前就已经出现在地球上了。那时它和早已灭绝的恐龙同时生活着，并且数量和种类都很多。鳄类在地球上的出现要比大熊猫和白鳍豚早得多，当扬子鳄出现在全球上的时候人类还没有出现，这都足以使得扬子鳄成为研究中生代爬行动物的活资料，这对于生物的进化，和动物的地理分布都有着重要的科学价值。“活化石”怎能不珍贵呢?

扬子鳄属于国家一类保护动物。国际自然保护组织把它定为一级濒危动物，它同时也属于国际上第一类禁止贸易的濒危种。

水中丑八怪——大鲵

全世界的两栖类动物大约有3000种，中国占有其中的200种左右，占世界两栖类动物总数的6%上。其中比较有名的，大约只有产于中国和产于日本的两种大鲵了。这两种大鲵都是稀有的珍贵动物。

大　鲵

大鲵在两栖类动物中大约可以算是体型最大的了。成年大鲵体长0.6～2米左右，体重10～50公斤左右。大鲵的身体与头同宽，连接头与身体之间的颈不明显，头与身体宽大而扁平，尾侧扁。它的四肢又短又扁，前肢有4指，后肢有5趾。

大鲵的体色以深棕褐色为主，背面有颜色较深的不规则的黑斑。腹部颜色较浅，皮肤也较光滑。它的皮肤是气体交换的重要器官。身体两侧有皮肤褶，让人看了很不舒服。头部有明显的小凸起叫疣粒，背部也有疣粒。中国产的大鲵从头到背的疣粒呈双行排列，而日本产的大鲵从头到背部的疣粒呈单行排列。这是中国大鲵与日本大鲵的主要区别之处。

大鲵不仅因为体侧有皮肤褶而很不好看。它的又宽又扁的大头，加上头上两粒绿豆大小的眼睛、靠近吻端的一对鼻孔极小的鼻子、与头不成比例的大嘴，使得大鲵的确称得上是“丑八怪”了。

大鲵大多栖息于山谷清澈的溪流、河湖中，偶尔爬到岸边活动。它白天躲在穴洞内休息，夜晚外出觅食、活动。据说大鲵夜间的叫声极似婴儿的啼哭声，由此俗称“娃娃鱼”。大鲵四肢短小，行动不灵活，只能在水底缓慢爬行，虽然有尾作为游泳器官，但还是不能灵活地追捕水中动物。怎么办呢？大鲵自有它的捕食方法。由于它的体色与它周围的环境极相似，水中小生物很难发现它，大鲵便静悄悄地守候在滩口乱石间，当猎物在此经过时，它便突然袭击，张开它那大口把猎物吞下肚去。大鲵的食性广，食量大，主要以虾、蟹、鱼蛙或者水生昆虫为食。据记载：一只1.5公斤的大鲵，剖开其胃，其中竟有蟹6只，共重约140克；还有一只1公斤多重的大鲵，胃内存有0.5公斤重的鱼。这足以说明大鲵的食量之大了。然而大鲵的耐饥力也很强，半个多月的时间不进食，解剖开它的胃，发现胃内还存有未消化的食物。

大鲵还有冬眠的习性，从每年的初冬季节到第二年的春天，是它卧在洞内休眠的时期。洞常位于深潭内的岩洞，石穴之中，洞内宽敞平坦。大鲵在冬眠期内新陈代谢进行得很慢，可以长达几个月不进食，但它不像扬子鳄那样昏昏入睡，好似死了一样。当它遭受到袭击时仍能做出反应。

大鲵冬眠过后，大约有两个月的时间勤奋捕猎，以保证足够的猎物饱食，养精蓄锐，为进入繁殖期做身体方面的准备。每年大约在七、八月份，大鲵进入产卵期。雄鲵游到雌鲵栖息地，选择一米左右深的洞穴，用足、尾及头部将洞进行大扫除，最终将洞打扫得清洁光滑。雄鲵觉得满意了，就从洞中出去了。雌鲵在洞中或浅水滩的水中产卵，而且一般在夜间进行。雌鲵产卵的方式很特别，它一边爬一边产卵，卵排列在呈胶质状态的卵带上。这卵带有数十米长，上面的卵约有300~400粒左右。据记载，有人观察到一雌鲵产卵时间为30分钟左右，卵带长3602厘米，上面约有652粒卵。大鲵的卵约呈黄豆粒大小，乳黄色。雌鲵产卵后，雄鲵在卵上射精。然后把身体弯曲成半圆形、把卵围在里面、孵化。受精卵靠自然温度孵化，不久幼鲵出世，蝌蚪似的幼鲵用鳃呼吸，成鲵用肺呼吸。它们个个都是潜水的冠军，在水中能待上一两个小时才换气。

大鲵也有自己的敌人，当遇到敌人时它也会拿出几招来进行自卫还击。第一招是用它那短粗的四肢、锋利的牙齿、有力的尾巴以及能利用的身体各部分作为御敌武器，抓住敌人，咬住不放；或者用尾巴用力地抽敌人，最终使敌害逃窜。第二招是当第一招不灵，自己反倒被敌害抓住时，它便把胃里容纳的食物朝敌害喷去，使敌害措手不及，把敌害吓跑。或当敌害弄明白这些喷出物可食时，贪嘴地大吃起来，大鲵趁机溜走脱身。第三招是被敌害咬住了，它的颈部的毛孔会分泌出一些白色有毒的黏性液体，粘到敌害身上，会使敌害感到很难受，难忍之时也就把大鲵放跑了。

大鲵在两栖类动物中是活得时间较长的一种，它分布在我国大部分地区，华北、华中及西南各省区都生存有大鲵。

大鲵的经济价值相当高，它的肉质白而细腻，味道清淡而鲜美，营养丰富，称得上珍贵佳肴。贵州用大鲵做的“八宝娃娃鱼”是有名的菜。大鲵的皮厚且坚韧，可以制革，也可以制成治疗烧伤的药物，它的胆汁能明目解热，还可防治贫血等。

由于大鲵的经济价值较高，引起人们过度捕捞，加上大鲵生活环境的污染，大鲵数量大量减少，甚至濒临灭绝。因此我国将大鲵列为第二类重点保护动物，同时也定为濒危物种。

惊人的大王乌贼

有一天，3 个伊朗渔民驾着一艘小船出海打鱼。突然，他们发现前方海面上有几只海鸥在盘旋。他们将船划近后一看，飞翔的鸟群下方，居然是一条巨大的大王乌贼：它那绿色的躯体半沉半浮地在水面上随波逐流。

乌 贼

渔民们先是大吃一惊，继而又勇气大增。他们见大王乌贼显得病恹恹的，便打算捉住它。平时，伊朗人常用大王乌贼的肉作鱼饵，眼前这几百千克重的肉饵岂能白白放过！可是他们手中缺乏合适的武器，3 个人总共只有一把大砍刀。怎么办？想了半晌，渔民们决定避开正面，将船迂回到大王乌贼的侧后方，悄悄逼近猎物。一个渔民猛地一下抓住大王乌贼的一条腕，另一个渔民马上手起刀落砍下，剩下的那位渔民则使劲儿划船，将船退回安全的地方。

遭到袭击的大王乌贼发起狂来，用腕猛击海水，但并不反攻，只是一味地退却。渔民们想追上它，可大王乌贼游得飞快，不多一会儿便消失在大海之中。

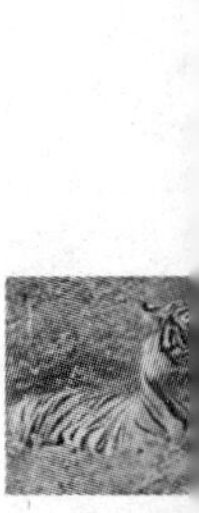

渔民们感到很失望。这时，空中盘旋的海鸥又“指示”出大王乌贼的方位。不知为什么，大王乌贼一直没有潜下海去，如此一来，就成了海鸥的追踪目标。渔民们用力划了一段距离，终于又追上这倒霉的乌贼。他们仍然像上次一样砍下了大王乌贼另一条腕。大王乌贼也仍然狂怒地扑腾一阵子后逃跑了。这样的过程重复了好几遍，大王乌贼终于精疲力竭了，它只能用那被砍短了的腕机械地拍打海水，却再也构不成对渔民的威胁了。大王乌贼使出了最后的绝招：施放墨汁，妄图凭借“烟幕弹”逃遁。

渔民们对大王乌贼发起了总攻。渔船渐渐逼近大王乌贼，大砍刀接连不断地向它身上砍去，终于砍下了大王乌贼的脑袋。随即，乌贼的身体沉了下去。3 个人费了好大的劲儿，才将乌贼头拖进船舱，胜利而归。

大多数动物学家认为，这条成为猎物的大王乌贼生了病，所以无力反击，也无法潜入水中，这不能代表大王乌贼的真实实力。那么，健康的大王乌贼到底有多厉害呢？让我们来看看 19 世纪 60 年代发生在大西洋上的那场战斗吧。

当时，法国海防舰“亚列克顿”号驶到了特纳里夫岛以东 185 千米处。水兵们忽然发现前方有一条长约六米、呈砖红色的怪物。那怪物头部长有腕，眼睛向外凸出，约有小口径炮弹大小，口中长有很大的喙，咀嚼时发出“咔嚓咔嚓”的声音。怪物不时将口张开，露出大铁钳似的角质喙向军舰示威。

舰长命令开炮，可是连打了十多发炮弹都没有击中怪物。怪物在海水中时浮时沉，样子颇为自得。此时，“亚列克顿”号已驶到离怪物不远处，船上的一位画家还趁捕捉时机即兴给怪物画了速写。水手们不甘心，又向怪物炮击，他们还向怪物投出了大鱼叉，可是鱼叉并不能扎进它的身体。后来，一发炮弹终于命中了怪物，那怪物抽搐着，体内冒出了大量黏液和一些半消化的食物。顿时，海面上弥漫开一股腥臭味。

接着，水兵们用缆绳套住怪物的尾部，想把半死的怪物拖上甲板。但怪物很重，估计在两吨以上。结果，它的身子被缆绳勒断，沉入水中。人们手忙脚乱地想把怪物打捞上来，最后只捞起了一块 25 千克重的肉。

这艘海防舰返回法国以后，舰长将怪物的肉交给了法国科学院。经鉴定，“亚列克顿”舰炮击的怪物，其实只是一条大王乌贼。

伊朗渔民以及法国军舰所遇到的大王乌贼，都不能说明大王乌贼到底有多大。目前，关于大王乌贼的大小，科学家存在着不同的意见。有人根据捕获到的抹香鲸身上被大王乌贼吸盘吸出的痕迹判断，大王乌贼的长度为10～15米。但另一些科学家认为，大王乌贼的长度最多可达45米，还有人曾从一条抹香鲸的肚子里取出过大王乌贼的腕，那腕竟有人的躯体那么粗，腕上的吸盘如碟子般大小，吸盘上还长有虎爪般的锐利锯齿。根据这些，他们推断大王乌贼大约有20来米长。

1946年12月，一家挪威杂志曾报道过一艘时速19千米的万吨油轮，在夏威夷和萨摩亚岛之间突然遇上一条20米长的大王乌贼。令人吃惊的是，那乌贼居然胆大包天，径直冲向巨轮，并用腕猛击船舱。幸好船尾的螺旋桨割断了它的腕，这才使得全船的人幸免于难。

1941年3月，英国运输船“不列颠”号在大西洋被德国战舰击沉，一部分死里逃生的水手挤在一艘救生艇内随波逐流。夜里，一名水手猛然被一条大王乌贼拖下水去。紧接着，一名中尉的腿也被乌贼巨大的腕吸住。他拼命挣扎，正为剧痛难忍而感到体力不支时，不知什么原因，那乌贼忽然弃他而去，使他侥幸逃生。

大王乌贼为什么要逞勇斗狠？关于这一点，目前科学家的意见很不一致。

如今，笼罩在大王乌贼身上的迷雾仍未全部散去。由于大王乌贼生活在深海中，数量又不太多，所以，要完全、彻底地了解它们的确有着很多的困难。

蚂蚁王国中的“公路”之谜

不单人类讲求全面发展，动物也是如此。譬如蚂蚁，不但能自制空调，还会铺桥架路。

在南美洲亚马孙河的热带雨林中，狂风暴雨常常会骤然而降。在雨林中，蚂蚁和白蚁主要在大树上活动，亚马孙雨林中的蚁类与众不同，它们会在自己活动的大树皮上啃咬出一条条凹槽，就像工兵在地上挖出的壕沟，并在这样的“壕沟”里行走，从来不曾逾越。在一次狂风暴雨中，美国博物学家赫尔墨观察到，所有正在行进中的蚂蚁、白蚁都静静伏在凹槽底部一动不动。如此一来，无论风吹雨打，都不会被冲跑冲走。后来，他又发现，在地面上，蚂蚁和白蚁也会用小石子、砂粒修筑成类似的凹槽“公路”，为了避免被雨水冲毁，它们还在这样的“公路”上加盖树皮、树叶。

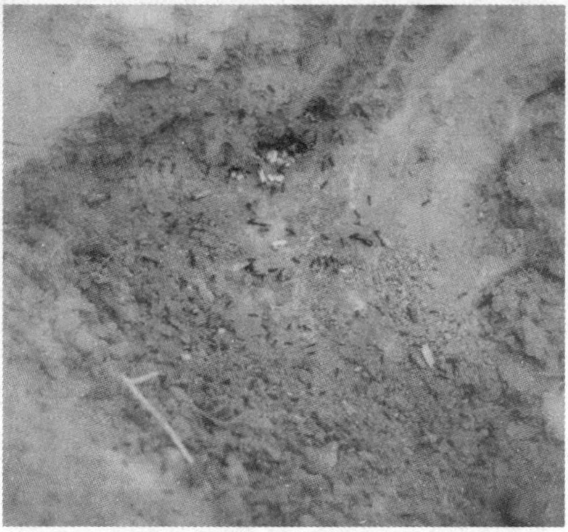

蚂蚁王国

蚁类的“公路”纵横交错，路面异常狭窄，在这样狭窄的“公路”上列队而行，会不会出现人类城市公路中的交通拥挤和阻塞呢？它们又该如何解决？仔细考察了雨林中错综复杂的蚁类“公路”系统后，赫尔墨惊奇地发现，凡是十字路口或三岔路口，蚁类“公路”都并非直接交叉，而是在交叉处筑成一个圆环形，分支的“公路”都从这个圆环的不同位置延伸出来。这样，当几支蚁类队伍交叉通过时，谁也不会碍谁的路，交通阻塞自然也就不复存在了。令人不解的是，蚁类设计的交叉路口，也正是人类设计现代公路的交叉路口的方法，但却要比人类早好几千万年。

弱小的蚁类如何能想出如此妙不可言的交通疏导方法？看来大自然的奥秘还有待我们人类去努力探索和研究。

分节动物——三叶虫

三叶虫是两亿多年前就已绝灭的动物，生活在古生代的海洋中，其外形颇似现代的虾和蝉，属节肢动物门，因种类繁多特在门下单列成一纲。这种动物从纵向看可分头、胸、尾三段；横向看又可分左、中、右三份（中间是轴部，两边为侧叶），故名“三叶虫”。三叶虫背上有背甲，成分为磷酸钙和碳酸钙，质地坚硬，成为地史时期中最早大量形成化石的动物门类。身长一般在 3～10 厘米。

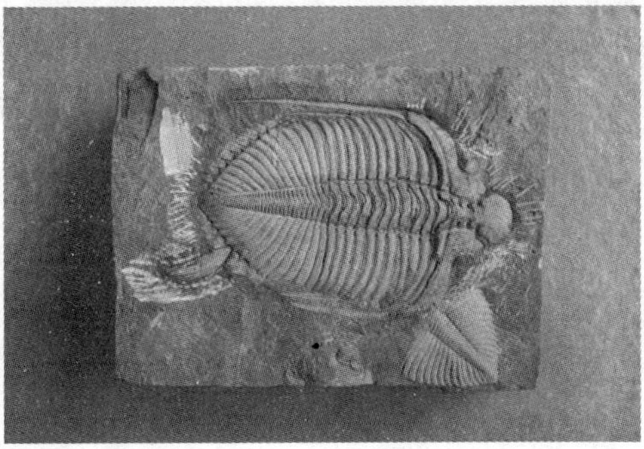

三叶虫

三叶虫为雄雌异体，卵生，个体发育中要经过周期性的多次蜕壳，不同阶段脱落的壳体是研究个体发育的基本素材，它对于了解三叶虫一些器官的发育和成长、探索三叶虫的演化、解决分类问题都具有重要意义。三叶虫头部及尾部变化较大，各种类型非常多。

三叶虫纲，下分 7 个目，绝大部分的种属在世界的海相沉积岩（石灰岩）中都有发现，各国的专家经过研究，得出了几点共同的认识：它经常与海百合、珊瑚、腕足动物、头足动物等一起生活，在发现它化石的同时同地，也能发现上述几种动物的化石；从它的体形上判断，它适于爬行，是海底生活的动物，它以原生动物、海绵、腔肠、腕足等动物的尸体，或海藻及其他细小的植物为食。三叶虫在进化的后期，由于海中出现的大量肉食动物（鹦鹉螺、原始鱼类等）直接威胁了它的生存，于是增大了尾甲，提高了游泳速度，同时头尾能够嵌合使整个身体蜷曲成球形，以保护柔软的腹部，并可迅速跌落或潜伏海底逃避敌人的进攻。

在古生代的第一个纪——寒武纪早期，三叶虫的 7 个目就发现了 4 个，种类数量也很丰富，因此古生物学家和生物学家都认为三叶虫的远祖早在寒武纪前就已存在，并在前寒武纪后期分化出了许多支系，但它们都没有坚固的硬壳，故没有保存下化石。寒武纪是三叶虫发展的一个繁盛期，奥陶纪时，古老的种类绝灭了，新的种类兴起成为第二个繁盛期，从志留纪到二叠纪，由于肉食性动物大量繁盛，三叶虫急剧衰退最终绝灭。

三叶虫存在时间短演化的种类多，分布海域广，个体数量大，各属、目之间界线清楚并随年代依次出现，因此成为了寒武纪时期全球性可对比的标准化石。我国是世界上产三叶虫最丰富的国家之一，为亚洲提供了标准地层剖面，并为世界性的生物地理区划分提供了重要的依据。

“巨无霸”——霸王龙

霸王龙生活在7000万年前的白垩纪时期，是一种捕杀大型植物恐龙的大型食肉恐龙。霸王龙身长10米，高6米，体重20吨，两条粗壮的后腿支撑着全身的重量，但行走的速度并不慢，速度可达10~12公里/小时，一条粗大有力的尾巴既能在行走中保持身体平衡，又可作为进攻的武器，一对前肢虽然细弱，但末端尖锐，在搏斗中往往能将猎物抓得皮开肉绽。但最厉害的武器还是那张巨嘴，真可谓是血盆大口，两排尖利的牙齿在强有力的上下颚牵动下，能够咬断（下）猎物的任何一部分。霸王龙具备这些优势似乎还觉得不够，又加上了一件“迷彩服”，使得它能隐蔽地接近目标。

霸王龙

如此巨大凶猛的食肉动物，在中生代似乎没有哪种动物会是它的对手，可它又是怎样绝灭的呢？谁是它的杀手呢？杀手就是动物界的竞争规律和它自己的特化。

首先，霸王龙是一种极端特化的恐龙，是专吃大恐龙为生的，它身体上所有的器官只适应捕杀大型动物。而越是特化的动物就越需要稳定的生态环境，就越经不住环境的变化，一旦环境的变化速度超过了它们身体适应的限度，它们就会死亡。白垩纪末期，气候变得逐渐寒冷起来，小型爬行动物适应较快，用各种方法生存下来，如蛇四肢退化，学会了钻洞、冬眠来躲过食物缺乏和寒冷的冬季，而霸王龙却没有学会冬眠，又无法抵御严寒的袭击，处境就悲惨了。

其次，食植物恐龙的大量死亡，对它有着直接的影响，饥饿和疾病一直在威胁着它，自己尚且朝不保夕，更无法繁殖后代了。现代的猫头鹰，在鼠源充足的地方一年可产卵 7 ~ 8 枚，反之仅产 1 ~ 2 枚，生育后代的数量全凭食物的多寡而定。推测霸王龙的生殖也是这样，不然小龙孵出来，没有食物也要被饿死。

那它为什么不吃哺乳动物呢？想吃，可吃不到，它行走时产生的震动、发出的响声以及散发出的气味，都被哺乳动物先进的感觉器官捕捉到了，不等它走近就早已逃走或远远地避开埋伏了。它又不会像蛇那样钻洞、像鳄鱼那样游泳去捕捉猎物，加上白垩纪末期的恐龙都纷纷带有“自卫武器”，如三角龙头上有三只角、禽龙的前爪趾坚硬似钢钉，肿头龙头硬……吃它们也不是那么容易的，搞不好还会受伤、死亡。既然什么都干不了、都不适应了，也就该“告老返乡”，退出历史的舞台了。

始祖鸟

鸟类是脊椎动物进化主干上的一个侧枝，这个侧枝从爬行动物时代就开始分化了，虽然距今已年代久远，但因它们的活动领域稳定，筑巢又在高枝或峭壁之上，不易遭受地面动物的侵犯，相对比较安全，所以生存到了现代。

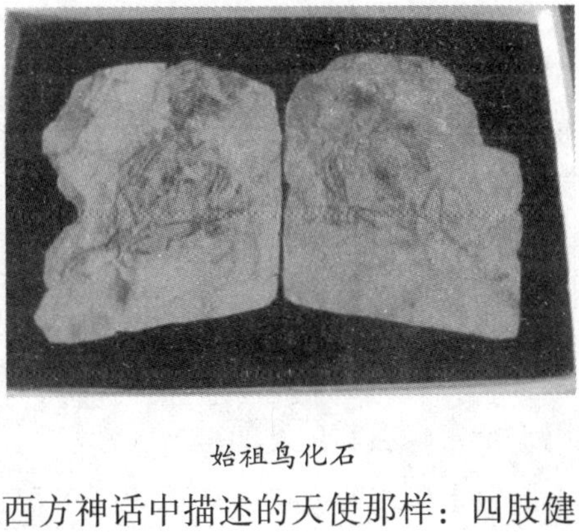

始祖鸟化石

据古生物学家的研究，鸟类的祖先是起源于一类尚未特化的爬行动物。在三叠纪时期，爬行动物刚刚兴盛，在此演化主干上的动物是四肢骨、肩胛骨和坐骨的变化。有一类爬行动物想靠自己的力量冲向天空，像昆虫一样主动飞翔，就必须要长出一副翅膀来。可它们不会像西方神话中描述的天使那样：四肢健全，再从后背生出一双翅膀来，而是有得必有失，以失去前肢来换取翅膀。在前肢变翼的过程中又分化出来两支，一支是皮质翼，一支是羽毛翼，皮质翼的代表动物是翼龙，而羽毛翼的代表动物便是始祖鸟。

目前，全世界发现的始祖鸟化石仅有 7 个，个个都可以说得上是世间珍贵标本，它们都被发现在德国巴伐利亚省石灰石矿山中。经过年代测定，它们是生活在距今1.4亿年前的侏罗纪晚期，和乌鸦一般大小，长着多节尾椎骨组成的长尾，嘴里有牙齿，翅膀的前端残留着爪，如果不是同时找到它的羽毛印痕，很可能把它鉴定为爬行动物。鸟类是从初龙类中的槽齿类演化而来的，槽齿类兴盛于三叠纪，而始祖鸟是侏罗纪晚期的，它们之间有长达8000～9000万年的空白区，这比整个新生代还要长。在这段时间中肯定会有更古老的鸟类化石，但现在还未找到，从这点上讲，“始祖鸟”的译名是不确切的，它并不是最早的鸟类代表，其实它的拉丁文名字叫古翼鸟，是我国学术界译错了。

为什么说始祖鸟是爬行动物和鸟类之间的中间环节呢？因为它还保留爬行类的一些特征，除上述提到的以外，还有：骨骼没有气窝；三根掌骨没有愈合成腕掌骨；肋骨细，无钩状突起，这些特征与鸟类比起来是非常落后和原始的。但它也有鸟类的一些特征，如有羽毛，就意味着它已是恒温动物了。恒温动物始终保持一个相对稳定的体温，这就加强了这类动物对环境适应的能力，为有效地征服空间提供了必要的基础。第三掌骨已与腕骨翕合，这是后来的鸟类掌骨都愈合成腕掌骨的开始。始祖鸟代表着爬行类过渡到鸟类的一个中间环节，这种过渡型的动物身上分类界线是很模糊的。

始祖鸟的行动方式，有人认为它是地上的走禽，靠后肢支持体重，以尾巴保持平衡，靠生有羽毛的翼扇动空气产生前推力，帮助它向前奔跑，形如鸡跑时一样；也有人认为它是以树栖为主，它的两足拇趾向后与另三个相对立，很适合抓握树枝，它的前肢趾端长的爪也是抓握树枝的有力的证据。它从地面起飞，落到树上，再从这一棵树滑翔到另一树，指端的爪是在树枝上降落时用来稳定身体的，它的长尾也不适合起落和扭转方向，所以专家推测始祖鸟大概是一种飞行能力低、起落不快的鸟，嘴中的牙齿用来咬死昆虫和鱼类的。

由于鸟类是在空间活动的高等动物，死后落到陆地或水里。随时都有被其他动物吃掉的可能，如果没有被及时埋藏，也会腐烂掉，而这种概率极大；在中生代时期，陆地和水里繁生有大量的爬行动物和鱼类，被称为爬行动物时代，刚分化出来的鸟类，无论从适应能力或从数量上讲都处在开始阶段，不占优势，随时都会遭受攻击，故化石从总量上讲也不可能很多。因此，以目前为止也只有7件始祖鸟的化石，对它的研究也还有困难。

恐龙的空中兄弟——翼龙

中生代的翼龙大致可分三类，一类是早期的翼龙，主要生活在早侏罗纪，喙嘴龙是这一类的代表。它产于德国佐伦霍芬地区，恰巧与始祖鸟产于同地、同时代的地层中，它是刚从爬行类中分化出来不久，身体上的原始现象很多，如长尾巴、嘴中有长牙、前肢掌骨很短，使两翼扇动力量不大。它还不能自由飞行，只能从高处向低处滑行，这阶段的翼龙还不是它们的典型代表。到了晚侏罗纪，出现了翼指龙，它进化的尾巴极短，口中的牙齿也有退化，掌骨变长了，它可算为进化的中期产物。进入白垩纪后，翼龙的演化已达到了高峰、尾巴消失、牙齿没有了，头部有隆起的骨质嵴，骨骼中空、眼睛前方有巨大的孔洞，这样就减轻了头骨的重量，第四指骨更加伸长，扇动力量加大，使它能够自由飞翔，这个时期的代表是中国准噶尔翼龙。

翼　龙

一些专家经过对化石的研究，提出翼龙有可能是温血动物，其根据是它皮翼的结构。仔细观察它的印痕化石，发现外半部分坚硬，充满了又直又长的、平行排列紧密的纤维，僵硬而无弹性；内半部分（靠近身体的后半部分）纤维短且弯曲，排列疏松呈波状，有可能是皮毛，且皮膜也较软，具伸展性。翼龙生前两翼张开可有6～15米宽，但身体不大，在两翼有力的扇动下，要保持体内热量不散失就必须要有隔热的皮毛来保温。翼龙生活在湖边、海边，惯食鱼类，是食肉动物，但从化石腹部印痕上未发现胃中有食物，表明它们消化、吸收的速度很快，能够产生高能量来维持体温及提供动力，这为翼龙是温血动物又提供了一个证据。但是仅凭这两点还不能说明问题，还要再找更多的化石来观察，以发现更多的“微细附件”。如果翼龙是温血动物的论点得到了证实，它将证明翼龙进化的和鸟类一样先进，而并非是过去人们想象的那样笨重的飞行动物。

翼　龙

翼龙绝灭的原因还没有彻底搞清楚，但推测其原因很可能出在皮翼上。它的皮翼很薄弱，中间没有骨骼支撑，一旦皮翼破损就无法修补，影响了扇动能力造成两翼不平衡，皮翼越大这个弱点就越明显。而从爬行类进化出的鸟类在适应天空飞行方向能力比它们更强，在竞争中鸟类灵活地扇动翅膀，做着急飞、急停、空中急转弯等高难度动作，把翼龙打下了天空、打进了泥土中。因此尽管翼龙有可能也进化到了温血动物阶段，但由于进化速度不快、程度不高，最终还是被进化快、程度高的鸟类独霸了天空。

现代的皮膜翅膀动物——蝙蝠，吸取了翼龙的教训，抓住鸟类的弱处——不能夜间飞行（少数鸟除外），又重飞上了天空。它们靠着发达的听觉器官，用超声波来确定猎物、躲避危害，它们的五根指骨都延长进皮翼中起支撑作用，使扇动更为有力；而且指骨又可作隔挡，当一处皮膜损坏时不影响或不扩大到其他部分。同时，身体也不向大型化发展，提高了对环境的适应性，现在的蝙蝠只是吃鱼、昆虫、花粉甚至吸血，并不与鸟类争食，故能生存下去。

恐龙的水中兄弟——鱼龙和蛇颈龙

鱼龙最早出现在三叠纪，从它的化石形状来看是具流线型的体形，已与其他海生爬行动物有着极大的差别，它没有其他动物都具有的脖子。它的生活环境、游泳方式及食物来源与现代的鲨鱼、海豚都一样，所以它们的外形也是惊人的相似。这种因适应相似的生活环境而在体形上变得相似的现象，在生物进化中叫适应趋同。其实鱼龙、海豚的体形是向鱼类趋同的，所以称它为鱼龙。由于所发现的鱼龙化石都是这种体形，估计它已经经过了较长时期的进化发展，但它的祖先及起源现在还尚不清楚，只能根据它具有迷齿型牙齿，推测它可能与杯龙类有点儿关系。鱼龙的体形无疑表明它游泳的速度很快。它的尾巴是游泳的动力，呈倒歪型，即尾椎骨不是向上而朝下且与脊椎骨不在一条直线上。随着进化，到侏罗纪之后鱼龙的尾椎骨急剧倾斜伸入尾鳍下叶；它的眼睛也变得很大，视野开阔；口中长满了利齿，除了捕鱼外还能咬碎菊石、瓣鳃类的硬壳；其生殖方式也改为卵胎生（假胎生）以适应海中生活，在化石中常可见到的小鱼龙骨骸证实了这一点。鱼龙的身体也向着大型化发展，我国 60 年代在西藏发现的“喜马拉雅鱼龙”身长就有 10 米以上。

鱼 龙

与鱼龙共同生活在海洋中的爬行动物还有蛇颈龙，它是调孔亚纲中蜥鳍目的动物，主要特征是长尾巴、长脖子、三角小脑袋、全部是海生，因体形像蜥蜴（即“四脚蛇”）故起此名。本目动物体形一致，但大小却差别很大，小者如中国的贵州龙、黄豆大小的脑袋，火柴棍粗细的骨骼，逐渐变粗的长脖子和逐渐变细的长尾巴，从头至尾总共才 10 厘米左右，可谓是本目中的“小不点”，因体形太小，它不属蛇颈龙类，而归为幻龙类。

蛇颈龙是大型的海生爬行动物，生活于侏罗纪至白垩纪，体长从几米至十几米。根据脖子的长短分为长颈和短颈两种类型，长颈类中的颈椎骨可达几十节。它们均以海中动物为食，其游泳方式是靠四肢划水，尾巴做舵，因此速度不如鱼龙快，说不准还是鱼龙攻击的目标，只要鱼龙快速冲来，一口咬断它们细长的脖子，就可以从容地饱餐一顿了。

有关鱼龙和蛇颈龙绝灭的原因，研究的人很少而且至今也未弄清楚，因为专家的注意力都集中在了恐龙的身上。

跑不快的马——三趾马

马的进化时代是从第三纪的始新世开始，到现代已经过了始（新）马、山马、渐（新）马、草原古马、（上）新马和真马等阶段。

三趾马

始（新）马在开始进化之际，已经从原始哺乳类那里继承了前肢4个趾、后肢3个趾的特点。从山马到（上）新马，前肢均具三趾，进化至真马时前后肢仅剩一趾。在世界上（上）新马（具三趾）和真马（具单趾）常作为划分第三纪及第四纪地层界线的标准化石，而我国却不同，在我国第四纪更新世早期，仍有三趾马和真马同时存在的情况，那时有长鼻三趾马。需要指出的是，与真马同时出现的三趾马是不可能再进化到真马了。生物界进化的特点是：当主干上新的生物已经出现，与它共生的大部分旧种类就要被淘汰，退出历史舞台只是时间早晚问题，这一现象在脊椎动物进化中表现得极为明显。

从挖掘的马类化石上我们能够将马的进化过程描述出来：始新世纪时，马生活在森林中，形体似狐狸，背部弯曲，前肢具4趾，后肢有3趾，以吃树叶和嫩枝为生，前肢可撑着树干将身体直立起来，觅食高处的食物，行动机警。由于森林中猛兽很多，加上气候趋于干旱，草原面积增大，三趾马便来到草原求发展。草原的环境与林中大不一样，天高地广，障碍物少，便于奔跑，同时沟坎壕堑也需要跳跃。更主要的是，草比树木低矮得多，草原光线明亮，活动物体很容易被发现，故始马在吃草时要时常抬头观看四周，同时也要让自己的身体向高长，才能看得更远，而且要不时地奔跑以躲避危险。这些变化使原来的身体结构不能适应了，首先趾数多跑不快，我们都有这种体会，行走时全脚掌着地，而奔跑时只有前脚掌着地速度才能快。始马为了各种原因都需要奔跑，于是腿、掌、趾骨都开始增长，支撑力也主要放在中趾上；身体长高了便于观察周围环境，步幅增大了跨沟跃坎不在话下。就是一点不好：个儿长高了，低头也吃不到地上的草，只好努力地伸长脖子，这样脖子就拉长了，大家看现在的马，脖子与前肢等长，一低头就能吃到脚边的草。朝着这个方向演化，到了山马阶段前肢就变成三趾了。从它开始到新马阶段，前后肢一直都是三趾，这好像没有什么进化，其实马的进化一直没有停下：它的身体仍在不断地长高，腿、掌、趾骨也不停地加长，脊椎变得平直保护内脏不受剧烈震动；脸部骨头加长了，头颅加大脑量增多，长智慧了；前后肢虽仍为三趾，但侧趾已经明显地缩短变细，尤其是到了新马阶段时，侧趾已沾不到地了，完全由粗大的中趾支撑着全身，奔跑速度有了很大提高；变化最大的还是牙齿，门齿变宽、犬齿退化、前臼齿臼齿化，牙体变长，咀嚼面扩大，褶皱复杂化。结果是加快了吃草的速度，适应了吃草的能力，尤其是冬季吃干草，与此同时，它的内脏器官也做了相应的调整，腹部不利于奔跑，肠胃也比牛、羊等动物短，食物消化时间短，排泄快，其中很多养分来不及吸收就被排出体外，要靠大量吃草来弥补这一缺点。由此看来，这种动物的进化方向并不先进。现在野生的马类仅剩下了斑马和普氏野马，而普氏野马也曾经过了一段保护性圈养的时间。

在草原古马阶段，有一类三趾马不再继续进化了，当时我国境内草原面积不断扩大，生活环境相对稳定，三趾马没有其他自卫本领，只有以大量的繁衍来弥补被猛兽吃掉的损失，形成了暂时的兴盛。在世界各地三趾马都绝灭，真马已经出现的情况下，还继续生存到了第四纪早更新世，虽然它也有些变化，如鼻子伸长了，但终因未入正路，不能适应环境变化被淘汰了。

黑脖子的黑颈鹤

黑颈鹤在分类学上属于脊椎动物，鸟纲，鹤形目，鹤科。

黑颈鹤为大型涉禽，是我国特有的珍贵鹤类，又是世界上唯一的高原鹤类。

黑颈鹤是世界15种鹤中最后被人类发现的。那是距今100多年前的1876年，在我国的青海湖被一位探险家发现的。

黑颈鹤

说它是大型鹤，是因为它身高1.2～1.4米，体长约120厘米，翅阔而强大，翅长约57厘米，体重6～8公斤。

黑颈鹤体羽大部分灰白色，且发亮。有时背部偶有黑色或灰色的羽毛，头顶部裸露无羽的地方为朱红色，头、颈、尾、初级和次级飞羽均为黑色。蜡黄色的长喙直而稍稍侧扁。一对黑色的长脚，好像穿着一双黑色的高筒袜。因为它的颈部油黑发亮，故名为黑颈鹤。

黑颈鹤栖息于海拔3000～5000米高的高原上，是世界上唯一的高原鹤。它主要生活在高山草甸、高原湖泊区，以及沼泽和芦苇沼泽地区。每年3月中旬至4月中旬，黑颈鹤群陆续由越冬地区西藏的东南部、四川南部、云南和贵州的西部迁徙，到青海省、西藏南部和四川北部的繁殖区进行繁殖。这里的水生动植物为黑颈鹤提供了丰富、充足的食物来源。

进入繁殖期的黑颈鹤成对生活，它们在纷纷把幼鹤赶走之后，就开始筑巢。一般5月份产卵，每窝产卵2枚，卵呈绿灰色或橄榄灰色，其间散布着红褐色的斑点。雌雄鹤轮流趴窝孵卵，孵化期为31～33天。6月中旬雏鸟出壳，雏体重平均128克，棕色绒毛，红色的喙。雏鸟之间不团结，经常打架，最终的结果是一方死亡。亲鸟对雏鸟非常疼爱，耐心地照料和护理。亲鸟到处捕捉一些小动物，比如小昆虫、蚂蚁、蜂、蝇等喂给雏鸟吃。亲鸟不管外出觅食距离有多远，也总是把捉到的小动物叼回来，喂给雏鸟吃。雏鸟 3 ~ 5 年性成熟，一般能活 50 多年。

黑颈鹤在孵卵期非常尽职尽责，不管天气如何变化，它们都趴在窝里一动不动，任凭风吹雨打，以保持窝里的温度。

黑颈鹤对于气候的变化非常敏感，它们的不同鸣叫声，预示着不同的气候，人们根据清晨时它的鸣声，就可以预先知道这一天的气象是阴还是晴，所以它还有一美称“神鸟”。有时，在黑颈鹤的繁殖期，气候发生变化、有汛情，它能将繁殖期提前一个月，在汛期到来之前把幼鹤带到安全地带。

到了 8 月，亲鹤带领幼鹤开始练习飞行。9 月至 10 月，黑颈鹤带着自己的孩子，排成一定的队形，有“人”字形，有“大”字形，还有“一”字形，飞到遥远的南方去过冬。

黑颈鹤是文献上记载最晚的一种鹤。由于人们发现黑颈鹤的时间太晚，对它的生活习性和繁殖特点等还不十分清楚。黑颈鹤的生活环境严酷，它们反抗天敌、保护幼雏的能力不强，幼雏的死亡率很高，种群的数量得不到发展。每年 9 ~ 10 月份黑颈鹤们南迁的时候，幼鹤的数量少得可怜。黑颈鹤目前野生的种群数量很稀少，是世界罕见的珍禽。国际鸟类红皮书和濒危物种公约都把它列为急需挽救的濒危物种。我国将它列为一级保护动物。1984 年在云南省的纳帕海建立了黑颈鹤的自然保护区，面积达 20.7 平方公里。

1987 年 6 月 26 日，北京动物园人工授精，繁殖黑颈鹤成功，而且打破了每窝产卵 2 枚的纪录，使一只雌鹤产下了 7 枚卵。这一科研成果，为增加黑颈鹤的种群数量，做出了震动世界的贡献。

头上顶丹的丹顶鹤

丹顶鹤在分类学上属于脊椎动物，鸟纲，鹤形目，鹤科。

丹顶鹤为大型涉禽之一，是世界著名的珍贵鸟类。丹顶鹤身体高大，直立时1.5米左右，体长140～150厘米，体重10～12公斤。雌鹤略小一些。名为丹顶鹤是由于它头顶皮肤裸露无羽，且突出，呈朱红色。黑颈鹤头顶的朱红色就没有丹顶鹤的鲜红，也没有那么突出，那么大。丹顶鹤的头上，有一长长的喙，呈淡灰绿色。全身体羽大都呈雪白的颜色，只有它的面颊、喉和大部分的颈部为黑色，此外两翅的飞羽不仅黑而且发亮。翅羽收羽时覆盖在白色的短尾上面，有人误以为丹顶鹤的尾羽为黑色，其实不然。知情的人把丹顶鹤的体表颜色描写为“白羽、黑翎、丹顶、绿喙”，这才是正确的说法。它还有两条呈钻黑色的长可及尺的纤细的双腿。这就使得它的身材显得亭亭玉立，身姿秀丽。

丹顶鹤

丹顶鹤主要栖息于湖泊河流边的浅水中，芦苇荡的沼泽地区，或水草繁茂的有水湿地，这些地方有较高的芦苇等挺水植物，有利于隐蔽。

丹顶鹤迈着纤细的长腿，在浅水中漫步，这是在寻找食物。它们一般吃鱼、虾、昆虫类、蛙类等动物性食物，有时它们也吃禾本科植物的根、茎、叶、嫩芽等。所以丹顶鹤属于杂食性动物，它的食性面广，饲养起来也较为容易。

丹顶鹤喜群体生活，往往以家族的方式3～4只一起涉水，觅食等，它们也成双成对地一起活动。

春天来了，丹顶鹤们带着幼鹤飞回繁殖地区。在进入交配期之前，雄鹤将它们家庭中的幼鹤赶走，一般不是很容易就将幼鹤赶走的，要几次三番地下狠心把幼鹤强行赶走。被赶走的幼鹤开始单独行动，到后来它们互相之间就聚到了一起，形成幼鹤的群体集体离开了它们的亲鹤。

丹顶鹤实行一夫一妻制，若一方死亡，另一方会悲痛欲绝，发出凄惨的叫声。丹顶鹤在交配期间，雌雄鹤翩翩起舞，并发出高昂的鸣叫声，因为雌鹤叫声比雄鹤稍低一点，所以听起来，就好像是“二重唱”似的。在雌鹤产卵前的几个小时，雌雄鹤共同筑巢，它们的巢穴很简陋，一般用水生植物的茎、叶、花序及干枯的芦苇、苔草等筑起巢来。巢穴一般筑在近水的有较高植物作屏障的地方或筑在芦苇丛的深处，形状像一个大圆盘。

雌鹤一般在四月中旬至五月中旬产卵，年产一窝，一般每窝产 2 枚，偶尔 3 枚。卵较大，有 250～300 克重，卵壳厚实，坚硬，呈淡灰褐色。卵的表面布满棕色斑块，且钝端分布更多一些。如果卵被破坏，它们还有补充产卵的习性。雌雄鹤轮流孵卵，夜间孵卵任务大多由雌鸟完成。在孵卵期间，亲鹤大约一个小时左右用喙翻动卵一次，进行凉卵，凉卵时间约为 1～2 分钟。亲鹤还能根据气温的高低，来决定凉卵的次数和凉卵的时间。经过 31～33 天，雏鹤出壳。出壳前，雏鹤在卵内，先用喙将卵壳啄出一个小洞，并逐渐扩大洞口，此时亲鹤在旁边焦急地等待雏鹤出壳，大约经过 25～26 小时，雏鸟才艰难地破壳而出。当雏鸟破壳而出时，亲鸟展翅起舞，视雏鸟为宝贝，不离左右，总是在雏鸟周围保护着它。新出壳的雏鸟体重约 150 克，全身羽毛呈黄色，背中线颜色较深，腹部颜色较浅，出壳即睁开眼睛，2～3 小时后即能站立，一天以后就能进食。

雏鸟为早成鸟，可以自己蹒跚走路，但还是离不开亲鸟。不久以后，雏鸟即能跟随亲鸟在浅水处涉水觅食，主要吃小鱼、昆虫、蝌蚪和各种植物的嫩芽。幼鹤还能学着亲鹤的样子，跳跃，展翅，梳理羽毛等。幼鹤发育很快。从 9 月下旬开始到 11 月初幼鸟随亲鸟陆续南飞越冬。幼鹤长到 4～6 岁性成熟，寿命一般 50～60 年，有的能活 80 年。

雌、雄丹顶鹤的外形基本相同，分辨不出有什么不同，只是雌鹤的体羽稍暗浅一些，不如雄鹤的羽毛华丽。人们发现雌雄鹤的叫声和习惯动作不同，雄鹤叫的时候把颈高高竖起，头向后倾，喙直冲蓝天，双翅高举，但不全展开，并且发出连续的单音。而雌鹤叫的时候将喙水平方向伸向前方，双翅不高举，发出间断的双音节，声音没有雄鹤洪亮。尽管雌鹤叫声洪亮程度稍逊雄鹤，它们的叫声都称得上是引颈高鸣。声音之洪亮，可远及两公里之外。世间早就有“鹤鸣九皋，声闻于天”之传说。

丹顶鹤为典型的候鸟。据调查，东北的松嫩平原以东至黑龙江下游、乌苏里江流域的低地沼泽为我国丹顶鹤的繁殖区。我国在东北的扎龙地区建立了以丹顶鹤为主的第一个水禽综合自然保护区。在保护区内，由于饲养人员的精心管理，野生的丹顶鹤已不南飞越冬，反而定居下来了。后来我国又陆续在吉林省建立了向海自然保护区、莫莫格自然保护区；在辽宁

省建立了双台子河口自然保护区；在安徽省建立了升金湖自然保护区。丹顶鹤为世界珍禽，被我国列为一级保护鸟类。

擅长假睡的鳄蜥

鳄蜥又称懒蛇、睡蛇、雷公蛇，在分类学上属于脊椎动物，爬行纲，蜥蜴目。

鳄蜥，顾名思义，即像鳄一样的蜥蜴。它的头部是蜥蜴的模样，可是身体却像鳄。鳄蜥是我国广西自治区瑶山特产的一种爬行动物。

鳄　蜥

鳄蜥小巧玲珑，尾长和体长基本差不多。体长约 15 ~ 30 厘米，尾长约 20 厘米。一般的鳄蜥全长约 35 厘米左右，体重不到一公斤。鳄蜥身体的背面呈棕黑色或棕褐色，并覆盖有细小的粒鳞，其间杂有少量锥状的棱鳞。它身体侧面呈红棕色或棕黄色，其间杂有黑斑。它的腹面呈淡黄色，或红色，或青色，也杂有黑斑。鳄蜥的头部呈四棱锥形。头部与躯干部之间的颈部比较明显，枕部有横沟。它的尾长而且侧扁，尾背面的鳞片形成两排明显的嵴棱。尾部上有黑色与绿褐色相间的环纹。鳄蜥的尾极似扬子鳄的尾，但又具有蜥蜴的特点：在遇到敌害时，像蜥蜴一样施展它的断尾术后逃走，不久又长出新的尾巴来。它的四脚短小而粗壮有力。纵观鳄蜥，它全身布满凹凸不平的疣粒。

鳄蜥喜欢生活在小溪、有聚水、草木繁茂、灌木丛生的地方。这些灌木树叶的叶缘差不多都是锯齿形状，和鳄蜥尾部的缺刻极相似。鳄蜥一般以蚯蚓、蝌蚪、小鱼、蝗虫等活物为食。鳄蜥通常在夜间睡觉，它睡觉的姿态很特别，常常是用它那短小粗壮的四脚紧紧地抱住树枝，两眼紧闭，整夜一动不动地昏睡。如果在这时，人们用手去抚摸它的身体，它会毫不理睬，仍旧昏昏大睡。用手电照射它，它也照样睡觉。因此这时捕捉它是非常容易的事情。因此人们又称鳄蜥是“大睡蛇”。它真的睡得那么深沉吗？不是的。当人们或别的动物碰到它睡觉的树枝，它就立刻翻身落于树枝下的水中潜逃。鳄蜥潜水的本领很强。它为了躲避敌害，可以在水中潜水20分钟之久。因此人们又称鳄蜥为“落水狗”。

鳄蜥不但有“假睡”的行为，还有“假死”的行为特点。当它被捉到以后一动都不动，任凭人们翻动它的身体它也不动一下。这种“假死”的现象是为了保存它自己。因为鳄蜥行动不够灵活，被捉到后只有表演“假死”的动作，蒙蔽对方。鳄蜥还有冬眠的习性，当外界环境低于10℃时，鳄蜥就在石缝中或树洞内度过冬季。

每年的8月前后是鳄蜥的繁殖期，而人工饲养的鳄蜥，由于饲养等条件优越，在3~4月它们就进入繁殖期。在繁殖期内，在浅水或沙滩，雄鳄蜥追逐雌鳄蜥。交配方式为体内受精，一般经过9个多月的漫长岁月小鳄蜥才出世。刚出生的小鳄蜥，身上包着一层透明的薄膜，它用前爪把薄膜破开，自己就爬出来了。雌鳄蜥每胎产卵4~8条，体重2~4克左右。刚出世的小鳄蜥就能下水游泳独立生活了。它们从出生开始就没有得到过父母的关心爱护，有时雄鳄蜥反而还要吃掉自己的孩子，为此动物园里饲养的鳄蜥产下小鳄蜥后即马上将亲体与幼体分开饲养，以保证幼鳄蜥的顺利长大。

鳄蜥是卵胎生的动物，也就是说，它的受精卵不排出体外，在雌鳄蜥体内孵化。卵本身就有充足的营养物质供胚胎发育成小鳄蜥。这种生殖方式保证了受精卵不会受到外界的破坏，而能顺利地发育成幼体后再脱离母体。这种生殖方式在爬行动物中是最高等的。

鳄蜥的族类已经在地球上生活了一亿年之久的古老的族类。大约在1930年，德国的动物学家鉴定它为独科、独属、独种的动物。再加上它分布地区很窄，只产于广西的大瑶山，数量稀少得已到濒临灭绝的境地，所以为我国特有的、古老而现存的珍稀种类。鳄蜥已被定为国家一级保护动物，目前在我国广西大瑶山金秀县瑶族自治县建立了瑶山鳄蜥保护区，禁止人们捕杀。使鳄蜥免于灭绝的境地。

以尾自卫的巨蜥

巨蜥在分类学上属于脊椎动物，爬行纲，蜥蜴目，巨蜥科。

巨　蜥

巨蜥在世界上约有30种，主要分布在热带亚热带地区，在我国主要分布在云南一带。国外有的巨蜥体长可达到500厘米左右，这种巨蜥主要产于澳大利亚。产于我国的巨蜥体长约有60~90厘米，尾长约70~100厘米，体重在20~30公斤左右。我国的这种蜥蜴，也是蜥蜴目中体形较大的一种。它的四肢强壮有力，且具锐爪，头部较长，吻也长。巨蜥的舌细而长，且前端分叉，还可以缩入舌鞘内。它的尾侧扁而大，末端又尖又细，不易断。巨蜥体表饰满较小的鳞片，它的背部为圆形的颗粒状的鳞片，以黑橄榄色为主，杂以黄色的点状环纹。腹部鳞片呈长方形，以黄色或灰白色为主，间有少数黑色斑点，花纹横向排列。幼年巨蜥有黑白相间的较为粗大的环纹。

巨蜥的尾较特殊。它不像蜥蜴目的其他动物那样，当遇到敌害时尾巴能自行脱落，并能不断跳动，以吸引敌害的注意力，那么它遇到敌害怎么办呢？这个难题还是由尾巴来解决。它的尾巴好像是一条外面包着橡皮的钢丝，当遇到较大的敌害的时候，它可以出其不意突然转身甩出那长而有力的“钢丝”鞭子猛抽敌害，被那“鞭子”抽中的敌害，重者丧生于它的“鞭子”之下，成为巨蜥的美味食品，轻者昏迷或带伤狼狈逃窜。

巨蜥主要以陆地生活为主，它喜欢栖息在附近有水的地方，常常在山区的溪流旁、岸边潮湿的森林地带或沿海河口的地方栖息。巨蜥游泳技术颇佳，凭着它那娴熟的游泳技术，它可以在水中轻而易举地捕食鱼类、虾等。它也捕食蛙、蛇、鼠类、爬行动物和昆虫，有时也能爬到树上捕捉鸟和鸟卵吃。凭着它那“钢丝”般的鞭子它也能猎捕到小型的野猪、野羊等作为食物。它也会偷偷进入农舍，偷吃家禽、家畜、鸡蛋等。从巨蜥所吃的各种食物不难看出它属于食肉性动物。

每年的6~7月份是巨蜥的产卵期，到了6~7月份巨蜥就在水边的洞穴或树洞中产下卵。每窝产卵15~30枚，卵的直径为70×40毫米。经过40~60天左右的孵化期，小巨蜥破壳而出。

巨蜥的“钢鞭”虽然很厉害，但它并不是很凶猛的爬行动物。它从来不首先发起攻击。它的原则是：人不犯我，我不犯人，人若犯我，我必犯人。在无敌害环境中生活的巨蜥，实际上能很快被人类驯顺。

巨蜥还有很高的经济价值，它的肉可食用，且营养价值高，既可内销，又可出口赚取外汇。皮可制革，制成提包、钱包、票夹，既美观耐用又有较高的档次，深受人们喜爱。动物园内饲养的巨蜥吸引了众多游人去观赏。

巨蜥分布在我国的广东、广西、云南、海南等地，数量极少，被列为国家一级保护动物。印度、斯里兰卡、马来半岛等地也有巨蜥。

动物中的佼佼者——哺乳动物

哺乳类是脊椎动物中最高等的一类，它具有更加完善的适应能力：它的骨骼结构比爬行类更为紧凑和坚固，头骨上的各骨片已连接成完整的颅骨，骨片的减少或愈合导致了颅腔的扩大，脑量随之增多，因此，哺乳类比爬行类“聪明”。被人驯养，能帮人干活的大多数是哺乳类；牙齿有了分化，从简单的一种齿形分化出了不同的类型，以适应不同群体的不同食物来源（如食肉、食植物），即便是个体动物，口腔中的牙齿也有不同的分工，如负责咀嚼的臼齿和前臼齿，切断食物的门齿，撕裂、进攻用的犬齿等；听觉更灵了，由一块耳骨发展出了三块听骨，成年后身体基本停止了生长，对环境的需求不再增多（如不必因身体的增大频繁更换住处，对食物维持在一个常量上）；体温恒定，提供了稳定的新陈代谢，加上体表

有毛发，具备了保护、保温的功能、扩大了生活的领域；最重要的是具有胎生和分泌乳汁哺育幼仔的特征，在对后代的照顾上迈进了一步，提高了繁殖后代的能力，使后代的成活率大为提高。

哺乳动物

一般认为哺乳类是起源于爬行动物兽孔类中的，在三叠纪时就发现了这类爬行动物头骨片数愈合、减少，牙齿高度分化，已能够直立行走等哺乳动物的早期特征了，因而专家们推测在三叠纪时就有了哺乳动物的存在。这也表明爬行动物在一出现后就高度分化，兽孔类从“大家庭”中分化出来的时间要早一些，而它演化出来的哺乳类陪着爬行类的大家庭几乎度过了整个中生代。在中生代里动物进化的主干动物并不明显，而大量的侧生动物则占据了主要舞台。

中生代末期那次灾难，意外地给了哺乳类迅速发展的绝好的机会：它胎生哺乳，在窝中繁衍后代，其幼仔成活率比那些露天日照，自生自灭的爬行类幼仔要高；它们是恒温动物，天冷了或靠运动取暖，或靠冬眠躲避，不像爬行类变温，天冷时运动迟缓甚至被冻死；天热时靠出汗降低体温，而爬行类没有汗腺只能泡到水里，若无水则会被热死；它们身体各部分的骨头或愈合或固结，而爬行类身上“零碎”太多，行动不如它们方便灵活，活动范围也不如它们；植物界被子植物出现后，食植物的哺乳动物适应性很快，而食植物的爬行类因新陈代谢慢适应不了。总之，灾变后自身和环境的一切条件都不利于爬行类的发展，只能被哺乳类取代了。新生代开始后陆地又一次扩大面积，更给了哺乳类发展的地盘，它们以高层次的进化向陆地深处进军，无论是在沙漠或是高山，不管是炎热的赤道还是寒冷的北极（南极洲及澳洲被大洋所隔，过不去），都留下了它们的足迹。它们在适应环境的同时，身体结构又开始了分化，产生了各种的形状，生物学中管这种现象叫适应辐射。除了陆地外，哺乳类也向天空和水中发展，有趣的是，这两支“队伍”在外形上与爬行类向天空与水中发展的两支“队伍”非常相近、天空的一支其“翅膀”都是皮膜，而水中的一支也都是用尾巴来推进的，甚至连尾巴的形状都很相似。

哺乳纲可以分为4个亚纲，由于人们通常所说的野兽实际就是哺乳类，故分类上从亚纲至次亚纲都用“兽”来起名。

1. 始兽亚纲包括了原始哺乳动物，现都绝灭了。

2. 原兽亚纲是从始兽亚纲中进化来的，现已大多数绝灭。仅剩下下蛋的哺乳动物——鸭嘴兽和针鼹。

3. 异兽亚纲也是原始的哺乳动物，但其进化路线与始兽亚纲不一样，是两栖类进化产生的。

4. 兽亚纲包括了现代哺乳动物在内的30多种化石及现生种，它又可分为祖兽、后兽和真兽三个次亚纲。祖兽次亚纲在三叠纪末期已绝灭，后兽次亚纲到今天仅有一种有袋类，其余全是化石，今天现生的所有哺乳类动物都属于真兽次亚纲。

哺乳类尽管是脊椎动物中最高等的一类，但为了生存，为了适应环境，仍然在不停地进化和演变着，如马，从低矮趾行的始马演化成今天高大蹄行真马；大象的鼻子也是越进化越长；海生哺乳动物也分化出了海豹、海狮、海象、海豚和鲸，其中鲸目中的蓝鲸演化成为古今最大的动物，它身长50余米，体重可达150余吨，而最大的恐龙长仅26米，重仅80吨，完全可把恐龙装进鲸的肚子中去。哺乳类最明显的进化表现在灵长目，此目有猿科与猴科，猿类的脑量与体重之比，在动物界中是最高的。两只眼睛都移到了头的正前方，尾巴退化了，前后肢因使用上分工，在构造上有初步的分化。它们不仅在树上生活有时也下地来活动，在前肢帮助下能半直立地行走，甚至偶然也能直立起来，猿类群体关系密切，常以家族为中心进行活动。由于在长期的进化过程中具有了这些特点，使它们以后在外界环境逐渐改变的条件下，得到了进一步的发展，从中诞生出了人类。这在动物界中是一次巨大的质变。

下蛋的哺乳动物——鸭嘴兽

大家都知道，哺乳动物就是胎生哺乳，体表有毛发，怎么能下蛋呢？可是，动物界中确实有能下蛋的哺乳动物，它们就是现生在澳洲的鸭嘴兽和针鼹，为什么它们是蛋生而非胎生呢？

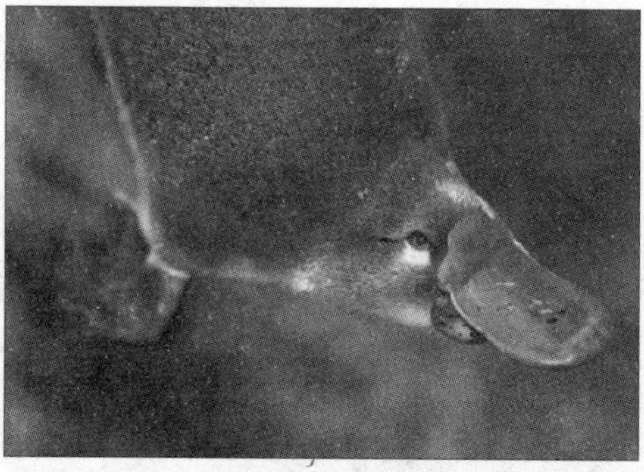

鸭嘴兽

我们知道，哺乳动物是从爬行动物中进化来的，哺乳动物也产卵，但它的卵不排出体外，受精后在体内长成幼体才生下来，然后再靠母兽的乳汁喂大，这就是胎生哺乳。但是从卵生到胎生，却经历了一个漫长的历史时期，在动物进化的道路上有些种类停了下来，鸭嘴兽和针鼹就是这些停下来种类的后代之一。

鸭嘴兽是现生哺乳动物中最低级的一种，是单孔目的动物，即它的排粪、排尿和生殖是通过同一孔道——泄殖腔来完成的。它在生殖时生下来的不是带毛的幼仔而是蛋，并且需要通过一段孵化时期才能变成小仔出蛋壳，这些正是爬行动物的特征。但小仔出生后体表上有毛，而且是吃母兽的奶汁长大的。哺乳时也很有意思，母兽身上没有乳头，腹部只有一个下凹的乳腺区，母兽四脚朝天躺在地面，乳汁湿透了乳腺区的腹毛，幼仔趴在上面舔食。鸭嘴兽又是一种特化了的动物，它的嘴巴似鸭的喙，爪之间还生有蹼，所以人们这样称呼它。成年个体身长 1 ~ 2 米，会游泳，靠捕食水中的鱼虾为生。

鸭嘴兽的那些类似爬行动物的特征，正好说明它是由爬行动物向哺乳动物进化中的过渡类型。由于它所具有的原始性，使它在世界各地均被后来先进的哺乳动物绝灭了，只有澳洲大陆在它刚出现后不久就独自南移，与其他板块相隔离，终止了动物的交流，动物的进化也停止了，使鸭嘴兽保存到今天。也正因为如此，很多人都没有见到过鸭嘴兽，当第一件鸭嘴兽的标本被带到欧洲时，大多数学者都以笑来评论它。后来标本一件接一件地送来，越来越完整，甚至还有活体时，人们才不得不相信它的存在。经过了一场旷日持久的争论，最终根据它的哺乳特征、恒温及有体毛，确认它为哺乳动物。

鸭嘴兽因其优质的毛皮在当地遭到大量捕杀，数量逐渐稀少，澳大利亚政府现以将其列为禁猎保护动物。的确，我们人类应该与植物界、动物界和平共处，不能一味地伐尽杀绝，否则不仅会使子孙后代遗憾，而且本身也会受到大自然的报复。

塔斯马尼亚虎

我们知道哺乳纲动物分为始兽、原兽、异兽和兽四个亚纲，前三个亚纲都是古老的原始哺乳动物，几乎都是化石了，仅有原兽亚纲单孔目中的鸭嘴兽和针鼹尚还在大洋洲存活。有袋类动物有比它们进化一些，是兽亚纲的，兽亚纲又分三个次亚纲：祖兽、后兽和真兽，有袋类是后兽次亚纲中的唯一动物，除了大洋洲以外，中、南美洲也存在有袋类。

有袋类比起鸭嘴兽，其先进性表现在体内具有胎盘，它的幼兽先在母体中生长一段时间，初步成熟后才生下来，又被母兽放入育儿袋，在袋中吸吮乳汁长大，直到幼兽能独立生活后才离开这个育儿袋。

塔斯马尼亚虎

动物界里绝大部分动物，不管是处于何种进化阶段，其食性均分为两类：食植物型和食肉型，有袋类也不例外。袋鼠是吃植物的，而袋狼是吃肉的，它的肉食来源就是袋鼠。生活在大洋洲的袋狼是有袋类中最大的猛兽，它身长 2. 5 米，肩隆处高约 60 厘米，身上具纵条纹，与老虎身上的条纹相似，故有人也称它为“袋虎”。过去它们曾大量生活在澳洲大陆上吃喝不愁，可是突然有一天变了，大陆上出现了一种狗（当地称其为迪恩古）与它抢夺地盘、竞争食物，甚至为了食物向袋狼发起攻击（攻击无反抗力的幼兽，而当幼兽藏进育儿袋后，母兽行动也不灵活了），由于这种狗身体进化得更先进，袋狼失败了，绝灭了，被迫退出了大洋洲大陆，好在其附近的岛屿上仍有它们的同伴，而狗也不游过海峡继续向它们进攻。

原本袋狼可在塔斯马尼亚岛一隅安居，但不幸却向它袭来：19 世纪 30 年代，人类发现了大洋洲大陆，欧洲移民陆续登上了这块宝地，并且随着人数的增加，周围岛屿也住上了人。在塔斯马尼亚岛，移民们放牧羊群以后，便不能容忍塔斯马尼亚虎（袋狼）的存在了，它们放弃袋鼠和其他小动物不食，专门撕咬既无反抗力又逃跑不快的绵羊，牧民们便开始持续不断地猎杀这种猛兽。到了 19 世纪 60～70 年代，当地居民已开始担心这种有袋类动物的命运，然而当时目光短浅的当地政府还是决定奖励灭虎者，最后一笔奖金是 1909 年付出的。据官方资料统计，在该岛上共消灭了 2268 头袋狼。

1936 年，澳大利亚国家动物园中最后一头袋狼死了，1938 年，袋狼被列入被保护动物目录。从那时起人们又关心起了袋狼，为了捕捉或哪怕是看到一头活的袋狼，人们到塔斯马尼亚岛进行了多次考察，却一无所获。任何一种生物绝灭以后，自然界都不会再来出现，对袋狼只有希望那时的绝杀不彻底，有个别的漏网之狼活下来。

剑齿虎

剑齿虎是大型猫科动物进化中的一个旁支，生活在距今 300 万～1.5 万年前的更新世——全新世时期，与进化中的人类祖先共同度过了近 300 万年的时间。

剑齿虎长着一对巨大的犬齿，足有半尺长。从修复的化石骨架来看，成年的剑齿虎身长大约 1.8 米左右，体重可达 500～800 公斤。

剑齿虎的捕猎对象是大型的食草动物，如象、犀牛等。

剑齿虎生长的时代，正处于第四纪冰川时期，气候寒冷，大型食草动物靠长毛和厚皮来抵御严冬，它们行动迟缓、笨拙，容易被捕杀。但在两万年以前，冰期结束了，气候转暖，出现了植物生长旺季，随后食植物的动物也大量繁殖起来。可是那些耐寒冷的大型食草动物，不能适应气候的变化，只能向北迁移，可北极圈中并无充足的草原，便因饥饿纷纷死亡了，以捕食它们为生的剑齿虎失去了食源，再想回过头来捕杀小动物或马、鹿等大动物，身体已像恐龙那样完全定型了，既不够敏捷，奔跑起来又没有速度，更由于我们祖先的狩猎技术有了极大的提高，发明了弓箭，利用火攻，在与它争夺猎物中往往取胜，甚至连它也杀掉成为猎物，可以说世界之大却没有它的立足之地，只能随着大型厚皮动物的灭绝而灭绝了。

剑齿虎

猛犸象

猛犸象是一种生活在寒代的大型哺乳动物，与现在的象非常相似，所不同的是它的象牙既长又向上弯曲，头颅很高。从侧面看，它的背部是身体的最高点，从背部开始往后很陡地降下来，脖颈处有一个明显的凹陷，表皮长满了长毛，其形象如同一个驼背的老人。

猛犸象生活在北半球的第四纪大冰川时期，距今 300 万年 ~1 万年前，身高一般 5 米，体重 10 吨左右，以草和灌木叶子为生。由于身披长毛，可抗御严寒，一直生活在高寒地带的草原和丘陵上。当时的人类与其同期进化，开始还能和平相处，但到了新人阶段以后，人类打猎时使用火攻，并协同作战，捕杀成群的及大型的动物，猛犸象就成为他们猎取的主要对象。在法国一处昔日沼泽的化石产地，人们挖掘出了猛犸象的化石；从化石的排列上可以看出：猛犸象被肢解了，4 条腿骨前后相连排成一线，头骨被砸开，肋骨有缺失。从化石可以推想出人捕猎并解剖猛蚂象的情形。

猛犸象

猛犸象化石出土最多的地方是在北极圈附近，阿拉斯加的爱斯基摩人用象牙化石做屋门，北冰洋沿岸俄罗斯领海中有一个小岛，岛上的猛犸象化石遍地都是。这些化石是冰块流动时从岸边泥土中带出的。堆积到了这个小岛上。由于猛犸象绝灭不过一万年的时间，而在自然界中化石的形成需要 2.5 万年，所以猛犸象的化石都是半石化的，象中药里的“龙骨”一样，也是可以用来做药的。更有甚者，苏联古生物学家在西伯利亚永久冻土层中竟然发现了一头基本完整的猛犸象！它的皮、毛和肉俱全。发现它时，它的嘴里还沾有青草，可能是吃草时不小心掉进了冰缝中，经过了一万年自然“冰箱”的保存，终于和现代人类见面了。

尽管我们现在看不到猛犸象，可原始人却与它们共处了漫长的岁月，对它们非常熟悉。他们在居住的洞穴中用红土画出了它的体形及围猎它的场面，这与专家们通过化石整理出的复原图相比较，当时的画家对它的素描是非常形象的。

猛犸象生活到距今一万年的时候突然全部绝灭了，是什么原因造成的呢？专家们做过仔细的研究，找出了许多的原因，但归纳起来还是由外因和内因共同造成的。外因是气候变暖，猛犸象被迫向北方迁移，活动区域缩小了，草场植物减少了，使猛犸象得不到足够的食物，面临着饥饿的威胁；内因是它的生长速度缓慢。现代象从怀孕到产仔需要 22 个月，猛犸象生活在严寒地带，怀孕期必会更长，而在人类和猛兽的追杀下，幼象的成活率极低，且被捕杀的数量离现代越近就越多。一旦它们的生殖与死亡之间的平衡遭到破坏，其数量就会不可避免地迅速减少直至绝灭。这是大自然的淘汰规律，并非对猛犸象不公平，新生代老第三纪末期时也发生过类似的情况，当时大量的原始哺乳动物绝灭了，由现代动物的祖先取代了它们的地盘，猛犸象的祖先那时代替了它们，现在该轮到它让出地盘了，猛犸象以自己整个种群的灭亡标志了第四纪冰川时代的结束。

飞行冠军——雨燕

在鸟类中雨燕可以算作长距离飞行的冠军。我们常见的雨燕实际上分三个种，北京雨燕、白腰雨燕和小白腰雨燕。最常见的是北京雨燕，又叫楼燕、野燕。每当春暖花开，雨燕就从澳大利亚、印度和非洲东部迁飞回来，它们在迁徙的过程中飞行速度可达到每小时 110～190 公里，真是无愧于飞行冠军的称号。

雨燕的羽色并不艳丽，为黑褐色，但却有完美的流线型体型，飞翔肌肉也很发达。它们的翅膀细而长，向后弯，像两把镰刀一样。雨燕有着高超的飞行技巧，喜欢在高大建筑物的边上成群结队地飞舞追逐，捕食飞行中的昆虫，尤其在风雨欲来之前，雨燕常常作超低空飞行表演，流矢飞篁一般掠地而过，成为天气变化的一种标志。

雨燕在觅食或求偶时常常会聚集在有上升气流的地方飞舞。它们对空气的上升非常敏感，能够侦察到升力的存在。因此可以说雨燕是能够翱翔的最小鸟类。

雨燕有如此高超的飞行本领，可是它的两只脚却很细弱，已经不能在地上跑跳了。雨燕每只脚的 4 个脚趾都伸向前方，不能像其他鸟那样抓握树枝，只能像钩子一样钩住墙壁或岩石壁，悬挂着身体。雨燕这样弱的脚根本没有办法帮助起飞，要想飞起来就只能在从高处向下落的过程中展翅飞翔。一旦不慎摔到地面，就很难再起飞了。

鸟中“歼击机”——游隼

游隼比鸽子略大一些，是各种隼中个体较大的一种。游隼是一种非常美丽的鸟，它的面部、后颈部有短而宽的黑色条纹，并且带有蓝色光泽；背部蓝黑色，腹部白色，带有一点浅棕；一双大而炯炯有神的双眼，灰蓝色的嘴，再加一双橙黄色的脚和黑色的爪，使它显得威武而俊美。

游隼喜欢独来独往，常常在比较开阔的地带，像农田、河谷、草地等地活动，很少到大面积的密林中去，在这些地带有利于发挥它非凡的飞行本领。

据记载，游隼的飞行速度可达每小时 140 公里，在俯冲捕捉猎物时可以达到每小时 360 公里。有位美国飞行员，曾驾驶着一架飞机以每小时 250 公里的速度飞行，竟然被一只快速飞行的游隼超过了。由此可见游隼的飞行速度是多么惊人了。真不愧为鸟中“歼击机”。

游隼主要捕食鸟，有时也吃一些鼠类、兔子等。游隼在遇到猎物时，就猛追上去，飞到猎物的上方，然后俯冲下来，用脚狠狠地打击猎物。游隼的这一击迅猛而有力，许多鸟只需这么一下就会被打昏，跌落在地上，游隼再抓住猎物，用嘴啄断猎物的脖子，或者刺破颈部的血管，使猎物流血过多而死。游隼这时才不慌不忙地剥去鸟的羽毛，把肉撕成小块后，吞下去。遇到不好对付的猎物时，游隼一次又一次地向猎物发起猛烈的进攻，直到把猎物置于死地为止。

游隼在北方又叫“鸭虎”，就是因为它常捕食野鸭的缘故，像针尾鸭、赤颈鸭、绿头鸭等都是游隼的捕食对象。就连身体比游隼大得多的雉鸡也常会成为它的美餐。

逃命高手——雉鸡

游隼和雨燕都是飞行者中的佼佼者，因为它们都有完美的飞行体型。但你也许想象不到身体沉重的雉鸡也有它飞翔的独到之处。

雉　鸡

雄性雉鸡羽色鲜艳，它的头顶呈浅褐色，带有绿色的金属光泽，颈部墨绿。有绿色的金属光泽，脖子的下面有一道白圈，宛如白色的衣领，所以雉鸡又称环颈雉。胸前的羽毛呈红铜色，闪闪发光，并有美丽的黑色斑点，橄榄黄色的尾羽，着有黑色横纹，可长达40～60厘米。如此美丽的羽色在野外十分惹人注目，尤其到了繁殖季节，雄鸡换上了崭新的羽衣，眼周和面颊的皮，裸露涨大，呈鲜红色，并且时常昂首阔步，巡视自己的领域。

雉鸡的体重很重，可以达到1000～3000克，翅膀宽、短而圆，要想飞起来可不是件容易的事，它又是怎样逃脱天敌的捕食呢？它们常常在河边沟谷繁茂的苇塘边活动，或者在农田与灌丛、密林相接的地带出没。一旦遇到天敌就马上钻入密草丛或灌丛中躲避起来，本来鲜艳的羽色一躲进斑驳的植物中就成了很好的保护色。

单单这样躲起来还不行。灵猫、狐、黄鼠狼等仍给雉鸡带来很大威胁。这些哺食者都有很好的嗅觉，可以很容易地嗅出雉鸡藏身的位置。当灵猫等动物悄然接近时，雉鸡天才的飞行本领马上就显露了出来。它的动作非常敏捷，快速地搧动翅膀，迅速起飞。雉鸡的飞翔肌肉非常发达，翅膀搧动起来非常有力，常常能从地面草丛里直线起飞，要知道很少有其他种鸟有这么大的力气能够使如此重的身体快速地飞起来。雉鸡飞起后先快速地搧几下翅膀，然后就伸展双翅，滑出很远的一段距离，长长的尾巴是非常好的舵，可以控制飞行的方向。

雌性的雉鸡没有雄性那么鲜艳的羽色，很难被天敌发现。在繁殖季节，雌雉每天都隐藏于草丛中，在那里既不容易被天敌发现，又有充足的食物。当冬天来临，许多只雉鸡就集合成一个群体，容易发现天敌，雉鸡被天敌吃掉的机会也减少了。

雉鸡适应能力很强，我国各地几乎都有分布，亚洲的雉鸡被引种到欧洲和北美洲以后，在那些地方繁衍生息，现在已经成为重要的狩猎对象之一，给当地人们带来巨大的经济效益。

空中海盗——军舰鸟

大海上有许多种随风逐浪的鸟，它们或是穿梭在惊涛之间，或是翱翔于骇浪之巅，一般来说它们要么是非凡的游泳健将，要么就是技术高超的飞行员。对于军舰鸟来说，它的名字实在容易引起人们的误解。它虽然被名之为“军舰”，但它们却几乎从不游泳。军舰鸟是地地道道的“空中战机”。

军舰鸟

军舰鸟穿一身黑色的礼服，两只窄而修长的翅膀，有像燕子一样的具深分叉的长尾，喉部有红色裸露的皮肤构成的喉囊，可以暂时贮存食物。到了繁殖季节，群居的军舰鸟群开始沸腾起来。雄鸟们大口大口地吸气，把喉囊鼓起来，像是鲜红的大气球。有的带着这样的大气球在空中飞舞，有的站在树梢上不停地摇首，并用嘴发出“嗒、嗒……”的声音，那场面仿佛是在庆祝盛大的节日。

军舰鸟极善飞翔，它那长长的双翅伸展开来可达两三米。尽管它和信天翁一样，也几乎终日在空中翱翔，但它却更善于作空中特技表演，灵巧地在空中翻转盘旋，深叉状的尾能够巧妙地控制方向，所以它可以在空中作直线俯冲或急转弯。

军舰鸟凭借着一身飞行绝技，靠欺负其他海鸟过日子。它终日在海上盘旋，但看到叼着鱼的其他海鸟时，就猛冲过去，那些鸟被吓得惊慌失措，丢下口中的鱼仓皇逃遁。军舰鸟却并不去追赶它们，而是快速俯冲，在那被丢下的鱼落水之前叼住它，并很快吞下去。军舰鸟箭一般的速度对其他鸟来说是一种有效的威慑力量，但有时候军舰鸟还真得给它们点厉害尝尝才能吃到它们嘴里的鱼。对付鲣鸟就得这样。虽然鲣鸟是军舰鸟的近亲，但军舰鸟从不客气，它常常在飞行的过程中，张开大嘴咬住鲣鸟的尾巴，鲣鸟疼痛难忍，不得不吐出口中鱼作为“买路钱”，军舰鸟才会饶过它，去“截击”被丢下的鱼。正是由于军舰鸟的这种取食方式，才落得了“海盗”的名声。博物学家给它的命名原意就是一种海盗船，只是到了后来才叫成“军舰鸟”。其实它也是“不得已而为之”。它的腿又短又弱，不能够在陆地上行走。脚上虽然有蹼，但却有很深的缺口，所以也不善于游泳。更不用说像鹈鹕、鸬鹚那样潜到水里捕鱼了。就是想从海面上直接起飞也是不可能的事。细弱的脚不能划水助跑，长长的翅也挥动不开，所以它也从不落到海面上去。自己捕食时只能掠过水面捞取一些漂在海面的水母和小鱼。就连它的巢也是建在大树的顶端或者悬崖边的灌丛上，那里便于它起飞。这种以海盗船命名的鸟其实是“空中海盗”。

“家贼”麻雀

对于麻雀人们似乎再熟悉不过了，虽然它与燕子、喜鹊一样，都是我们的邻居，但它却没有什么好名声，被称作“老家贼”，甚至还曾与老鼠、苍蝇、蚊子一起被列为“四害”之一。

其实，麻雀看上去并不是丑陋无比的一副坏人相。它头顶栗色的小圆帽，身披栗、褐、黑斑块相杂的羽衣，白色的脸庞镶嵌着黑色的颊斑和喉斑，加上它活泼好动，常在枝头、地面跳来跳去，还真显出几分可爱。尽管如此，人们也从未注意过它，因为它是“老家贼”。为什么人类如此敌

视小小的麻雀呢？问题还得先从“吃”谈起。

麻雀

麻雀是有名的食谷鸟，全年生活过程中，主要以各种农作物为食。科学家们解剖了800多只麻雀，分析它们胃中的食物，看看它们到底吃什么。研究的结果表明，在麻雀一年所吃的食物中，粮食占了一半还多，杂草种子和其他植物约占1/3。而所吃的昆虫还不到1/10。看来麻雀嗜食粮食，罪证确凿无疑。敢从人类的口中争夺食物，自然会引起人们的愤怒。

在秋季，农作物收获的季节，水稻、小麦、高粱等农作物已经成熟，但尚未收割之际，麻雀集成成百上千的大群，栖落田间。取食粮食。俗话说“麻雀上万，一起一落上担”，就是指麻雀对田间作物的危害极大。它们落在穗头上啄食，不但吞食了粮食，而且由于啄食，使得许多已经成熟的作物种子弹落到地上，糟蹋得很厉害。

收获季节过后，麻雀仍要吃大量的粮食，它们不但在田间觅食遗留下的谷粒，而且还会到晒种场、露天粮垛等处取食。与家禽、家畜争夺粮食就更不在话下，难怪人们把它当成会飞的老鼠。

与其他食谷鸟一样，麻雀也并不是只吃素食的鸟中僧侣，有时它也会开荤，尤其在繁殖育雏期间，更以捕食昆虫为主，而且所吃的几乎都是害虫，比如金针虫、象甲、蝗虫、菜青虫等都是经常取食的种类。亲鸟在喂雏期，每天忙碌着捕昆虫，往返巢中100次以上，看来捕食的数量也是相当可观的。

麻雀吃粮又吃虫，权衡利害，到底是有益还是有害呢？这个问题直到现在还有许多争议。有人认为，麻雀主要取食粮食，虽然也吃害虫，但所占比例很小，而且，麻雀与人为邻，在建筑物中造巢，损害建筑，也传播疾病和寄生虫，所以麻雀无疑是一种害鸟；另一些人却认为，麻雀捕食害虫是有利的一面。更重要的是麻雀在生态系统中的作用，麻雀为有益的猛禽提供食物，功不可没。而且，在城市鸟类日益减少的今天，麻雀对于控制城市园林害虫，消除生活垃圾等方面，起着不可低估的作用，因此评价麻雀的功与过，应该谨慎为之。

鸟中直升机——蜂鸟

说起飞翔，蜂鸟是一个绝对不能被忽略的例子。蜂鸟可以说是世界上最奇妙的鸟之一。因为它有着高超的飞翔技术，却只有黄蜂一般大小不能不说奇异了。

现在科学家们发现的蜂鸟在400种以上，其中最小的要数产在古巴的吸蜜蜂鸟，从头到尾还不足5厘米长，这其中，长长的嘴和尾就占了一半，身体的重量还不到2克，二三十个这样的小蜂鸟才抵得上一个鸡蛋，足以看出它是多么小巧了。世界上最大的蜂鸟是巨蜂鸟，它的体长也不到20厘米，重量不足20克。蜂鸟不但个体小巧，羽色也十分美丽，全身的羽毛，大多都有灿烂的红色和金光，加上蜂鸟的飞行速度很快，美丽的色彩一闪即逝，所以许多人都叫它“飞行中的金刚石”，尽管蜂鸟行踪不定，还是吸引了无数的观鸟者。

蜂　鸟

蜂鸟大多以吸食花蜜为主，也吃一些小昆虫，它们的嘴巴细长如针，舌头呈管状，伸出嘴外后比嘴还长四五倍，像吸管一样插到花的基部，吸取花蜜。为了补充身体消耗的能量，蜂鸟必须不断地取食。它们取食时像架直升机一样，悬停在花前，灵巧的舌头能够准确无误地伸入每一朵花，如同我们用吸管喝水那样吸食花蜜。当微风一吹，花枝随风摆动，蜂鸟也不断调节自己的飞行状态，随着花枝一道翩跹摇曳，那动人的场面是我们无法用语言来描述的。蜂鸟在给雏鸟喂食时也是悬停在空中的，它的巢太小了，只能是边飞边把食物喂给雏鸟。这可是一项非常细致的工作，蜂鸟要保持绝对的平衡和准确才不会伤害雏鸟，这种精确程度丝毫不亚于美国航天飞机与俄罗斯空间站的对接。

蜂鸟之所以有如此高超的飞行技巧，是因为大自然对蜂鸟的结构设计与别的鸟不同，它们拍翅时是从肩部发生转动，和昆虫的振翅方式差不多。一双翅膀在身体两侧前后掮动，产生稳定的气流，尾巴可以不停地摆动，控制平衡，因此蜂鸟可以轻轻松松地悬停在空中，也可以像直升机那样垂直起飞或倒退着飞行。蜂鸟掮翅的速度非常快，每秒可以振翼 80 次，高速搧动的翅膀会发出像蜜蜂一样的“嗡嗡”声，所以“蜂鸟”的原意就是“嗡嗡叫的鸟”。

滑翔机——信天翁

蜂鸟必须快速地搧动翅膀才能停在空中或平稳地飞行，而在鸟类中还有一类飞行高手，它们走向了另一个极端，当它们升空以后就很少扇动翅膀，可是它们依然能够潇洒地飞行，甚至飞越太平洋，这类鸟就是信天翁。

信天翁是十几种大型海鸟的统称，信天翁飞起后的样子有点像海鸥，但是比海鸥要大得多，而且它们之间也没什么亲缘关系。信天翁的鼻孔呈管状，嘴很强大，前端有钩，适于捕鱼。它们的羽色都很暗淡，以灰、白、黑为主。尽管信天翁其貌不扬，但它们却堪称自然界创造出来的最完善的“滑翔机”。

信天翁是那么地热恋大海，它们几乎每天都在海上翱翔，信天翁的飞行动力来自于海面上流速不同的风，它们先飞到距海面较高的空中，那里风的速度较大，借助风的力量顺风滑翔而下。由于风的作用，向下滑的速度越来越快，就在接近海面的一刹那，信天翁回转身体，逆风向上滑翔，接近海面的风要受到海浪的摩擦，较为缓和，信天翁就可以依靠惯性再一次升高到风速较大的高空，然后又回转身体顺风滑下，如此不断地环绕着向下滑翔和向上腾升，它们可以毫不费力地在海面上回旋飞翔，一连几个小时都不用拍动翅膀，风越强烈，它们就飞得越洒脱自如，即使是在暴风雨中也可以前进无阻。

信天翁之所以成为如此完美的“滑翔机”，与它高度适应于滑翔生活的身体结构是分不开的。信天翁的头较大而尾巴很短。翅膀长而窄，最大的信天翁双翅展开的长度可以达到34米，而宽度只有0.5米，这样的结构适宜于海面上多变的气流，做出精湛的飞行表演。人类为了征服天空，对于信天翁的飞行机理做了深入的研究，并模仿信天翁的形态制造滑翔机。但它们那种利用变化多端的气流，为飞翔提供动力的本领仍然使人们叹为观止。

信天翁有如此高超的飞行本领，为什么又被叫作“笨鸥”呢？原来，信天翁的双脚并不发达，在陆上活动时显得十分笨拙，加上它们的翅膀又很长，起飞时捅动很不方便，它们用于飞翔的肌肉主要是在展翅时起固定翅膀的作用，扑翼的力量并不大，要想在平地上起飞就必须助跑一段距离才行，要么就得选择悬崖峭壁为栖身之所，因为那里便于向下滑翔。信天翁活动如此不灵便，那它们不是很容易受到天敌的攻击吗？其实信天翁自有御敌妙法，在遇到天敌时，它们可以从胃中喷射出有强烈气味的胃油，熏退敌人，自己趁机逃之夭夭。

在中国的台湾及北部沿海可见到短尾信天翁，由于乱捕滥猎、捡拾鸟蛋、火山爆发以及战争等因素，这种鸟已经很少了。已被我国列为一级保护动物。

空中巨人——秃鹫

信天翁在海面上的特技表演被称为“动态翱翔”。有动态就会有静态，那么谁又是“静态翱翔”的佼佼者呢？在这种技巧中，秃鹫赢得了喝彩。

秃鹫是猛禽中的巨人，但样子却丑陋而奇特。头部密密地长着暗褐色的绒羽，颈部裸露，呈铅灰色。颈的基部围有一圈灰褐色的羽毛，像是大衣的毛领。身上的羽毛污褐色，总给人一种肮脏的感觉。秃鹫的翅膀又宽又大，双翅展开可达3米以上。这是它翱翔蓝天的重要设备。

秃鹫虽是猛禽，而且看上去也十分凶狠，但它却从不像游隼那样主动出击，而是高高地翱翔在天空中，窥视大地，寻找动物的尸体。秃鹫直直地伸展双翼，在空中无声地盘旋，很有点悠然自得的样子。

秃 鹫

尽管秃鹫的翅膀很大，但用于飞翔的肌肉并不很发达，不能够长时间地扇动翅膀。秃鹫在起飞时显然很有点吃力。它的体重可达十多公斤，要想把这么重的身体托上天空还真得费点周折。秃鹫先挥动翅膀，绕着小圈子飞行，使身体保持在一股上升的气流中，让这股上升的气流托着自己慢慢升空。

太阳照耀在大地上，而地面上由于地形、植被的不同，受热并不均匀，有些地方更容易受热，那些地方空气的温度上升也比较快，热空气比冷空气轻，就会形成一股空气柱慢慢地上升。在这股空气柱的底部会受到冷空气向上兜的力，结果，热空气就成了一团向上翻滚的大气泡。我们可以把它想象成蘑菇云，但肉眼却看不到。秃鹫可以凭着它们特有的感觉捕捉到这种自然的力量。它们钻进上升的气泡中，在气泡的顶部盘旋，依靠气泡上升的力量，它们可以爬升到500～1000米的高空。有的时候，秃鹫还会在不同上升气流之间滑翔，飞越原野寻找食物。秃鹫的飞行肌肉并不强大，可是由于能够很好地运用上升气流，所以它的飞行并看不出有什么缺陷。

能够利用上升气流翱翔天空的技巧并不是秃鹫的专利，像鹰、雕和其他鹫类也有这种本领，它们都有较宽大的翅膀，翅膀的两端向上翘曲，尾也十分宽大，这样的体型可以很好地掌握上升气流，把庞大的身躯托上天空，悠闲地兜着大圈。

并不那么讨厌的乌鸦

人们讨厌乌鸦没有什么十分正当的理由，往往是因为主观的偏见造成的，乌鸦的叫声粗劣刺耳，加上它一身乌黑，相貌丑陋。迷信的人，以为听到乌鸦叫是不吉利的，常会啐口唾沫，说这样就可以解凶，其实却是毫无科学依据的。

乌 鸦

乌鸦分布十分广泛，不管是平原还是高地，到处可以见到它们的踪影。乌鸦喜爱热闹，三五成群地一块活动，它们早出晚归，白天在农田、草滩、公路等地活动，晚上就在村旁或山边的树上过夜。乌鸦也喜欢与人做邻居，尽管人们十分讨厌它们，但它们还是设法搬进了城镇和乡村，过着似乎比人类更悠闲自在的生活。

春季的播种季节，乌鸦显得格外令人讨厌。它们非常喜欢吃人们刚刚播下、即将发芽的种子，不但捡食留在土表的种子，还会挖出埋在地下的幼芽，拔食破土而出的嫩苗，对于辛辛苦苦的农民确实是一种灾难。

好在乌鸦并不像麻雀那样嗜食粮食，它们很快就转向了田间的害虫，对它们来说吃肉还是要比吃粮好。农田里的蝼蛄、蝗虫、金象甲、菜青虫等害虫都是它们的美味佳肴。乌鸦个体大，食量也大，是消灭农田害虫的生力军。人无完人，乌鸦也一样，尽管它们吃粮食，但也吃害虫，甚至捕食老鼠，功劳还是大于罪过的。在苏联，乌鸦给农作物和蔬菜栽培带来了损失。但它们又消灭了大量的森林害虫，给人类带来很大益处。有些地方还特地请乌鸦帮助消灭甜菜农场里的甜菜象鼻虫。以前的日本，也认为乌鸦是害鸟，近来对它们的食性进行了详细的分析，才知道益处远远大于害处，于是把它列为益鸟加以保护。在我国，应根据不同地区的具体情况来加以对待，在造成危害的地区适当捕杀，以化害为利。

乌鸦堪称鸟类中的“美食家”，对很多种食物都感兴趣。动物的尸体当然也不例外，在开阔的草原上，成群结队的乌鸦四处游荡，常常与秃鹫一道分享大型动物的尸体，充当自然界中的清道夫，既促进了自然界中的物质循环，也能防止疾病的蔓延。

在生物学家眼里，乌鸦是最聪明的鸟类之一，它们能学会许多方法来获取食物。一些生活在海边的乌鸦，以取食牡蛎和贻贝为主，牡蛎和贻贝都有坚硕的壳，乌鸦不易吃到壳里的肉，但它们都学会了一招绝技，它把贻贝叼起来，在空中飞翔，然后把它投向一块大石头，贝壳被摔破了，也就能吃到肉了。它们的技术十分熟练，总是能把贝壳摔破，而又不会把肉搞得稀烂无法下口。对付牡蛎就有点麻烦，因为牡蛎是固着在岩石上的，乌鸦叼不起来，但这也难不倒它们，它们知道叼起一块石头来把牡蛎壳砸碎，就能享受生猛海鲜了。

人们对乌鸦的误解太多了，人们常说“天下乌鸦一般黑”，其实并不完全这样，我国常见的乌鸦有秃鼻乌鸦、大嘴乌鸦、小嘴乌鸦、寒鸦、白颈乌鸦等种类。白颈乌鸦，顾名思义，就是它的脖子上有道白圈，并不是通体漆黑；寒鸦虽然体型与其他种乌鸦十分类似，但脖子、胸部和腹部都是白色的。看来，事情总是应该一分为二地来看。

捕虫能手——大山雀

各种山雀都是捕虫能手，而山雀中最著名的当属大山雀。大山雀广布于我国绝大部分地区。常在林中栖息，不很怕人。有时还会飞到人家的庭院中。

大山雀是山雀中体型比较大的一种，但比麻雀还是要小一些。羽衣以黑、白、灰三色为主，头顶漆黑，背部灰绿，白色的腹部有一条纵贯前后的黑纹，是在野外最易识别的特征。两侧腹部各有一块白斑，非常明显，所以大山雀又被叫作白脸山雀。

大山雀

大山雀性情活泼好动，常在树叶间蹿上跳下，叽叽喳喳叫个不停，寻找喜食的昆虫，有时也会跳到地面上来，在落叶间寻找可食的东西。

人们通过观察和研究，发现大山雀的食谱上，几乎都是各种昆虫，草籽、花瓣等植物性食物只占非常小的比例。在森林中生活的大山雀，常取食大量松毛虫、天牛幼虫、蝽象等危害林木的害虫，这其中松毛虫是松树的天敌。爆发松毛虫灾时，往往有成片的林木被毁掉，而大山雀可以吃掉大量松毛虫。控制它的数量，避免爆发虫灾。在城市郊区生活的大山雀，胃中装满了蝇蛆、蛾子、蚊子、蚂蚁、甲虫等危害农作物和传播疾病的坏东西，真可谓小小山雀，大建奇功。

在繁殖季节，大山雀捕食昆虫的数量急剧增加。大山雀喜欢把巢建在树洞和岩石缝里，有时也会造在水泥电线杆顶部。每窝都会有 6 ~ 9 只雏鸟。这些雏鸟好像永远也吃不饱似的，总是张大嘴巴讨要食物，亲鸟从早到晚忙于捉虫喂雏，每天平均喂雏 85 ~ 105 次。可以想象，整个繁殖季中，大山雀要消灭多少害虫。

在欧洲一些地方，大山雀像麻雀一样住进了城市，在人们周围消灭害虫。在冬季食物缺乏时，那里的大山雀也会找一些粮食吃，甚至一些垃圾堆也成了它们的免费餐厅。有些地方的大山雀也变得讨厌起来，它们学会了开启牛奶瓶。每天早上，牛奶总是被送到各家门前的，就在人们酣然丁梦中的时候，喜欢早起的大山雀已经开始享用牛奶早餐了。好在问题并不严重，人们看好牛奶瓶就行了。当春天悄悄来临时，大山雀又将忙碌于消灭害虫了。

猛雀代表——伯劳

猛禽的叫声大多粗粝而凄凉，人们无法想象有着钩嘴与利爪的鸟能发出悦耳的鸣声。但的确有一类鸟，它们有钩嘴利爪，有勇敢凶残的性情，但它们在繁殖期中却能婉转鸣唱，并能模仿其他鸟的鸣声，很富有韵味，以至于有些人把它们当成观赏鸟来饲养，这类鸟就是伯劳。它们以捕食昆虫和小动物为生，嘴形强大，上嘴向前端有钩和尖锐的突起，很像是鹰的嘴，一双爪虽没有鹰那样粗健，但也十分锐利。然而，伯劳并不是猛禽，而是一种小型雀类，属于鸣禽之列，所以会歌唱。

伯　劳

伯劳的体型不大，很像麻雀，要不是它们的钩曲的嘴和凶狠的神情，人们不会太多地注意它们。大一些的伯劳与灰喜鹊差不多大小，但都没有灰喜鹊那样长的尾巴。

大多数的伯劳都喜欢在林缘活动，有的还常在矮树和灌木丛生的开阔地出没。伯劳常站在树枝上、电线上等视野开阔的地方，四处张望，寻找可以捕获的猎物。它们的视力都非常好，可以清楚地看到地面上活动的昆虫和鼠类等小动物。

不同种的伯劳取食方式很有些不同，有些习惯于捕捉空中飞行的昆虫，它们站在枝头，见有昆虫飞过，就飞过去叼住它，再落回到树枝上慢慢把它吃掉；有些常在树上或灌丛间寻找食物；还有些喜欢在地面上寻找食物，像老鼠一样钻来蹿去；那些个体极大的，会像真正的猛禽那样在空中捕杀大型昆虫和小鸟。

红尾伯劳是我国十分常见的一种，体型较小，比麻雀略大一点儿。它几乎完全以昆虫为食，各种甲虫、蝗虫、毛虫等都是它们经常取食的种类。红尾伯劳生性贪食，常常为了这一目的嘴爪并用，有人曾见过它嘴里衔着蝗虫，两只爪还各抓着一只蝗虫在飞。

我国另一种常见的伯劳是棕背伯劳，它的体型比较大，体长可达2~5厘米左右。棕背伯劳性情极为凶猛，嘴爪都十分俊健有力，不但捕食虫，还嗜食鼠类和小鸟。有时，棕背伯劳甚至还会在空中袭击比自己大几倍的鹧鸪。

伯劳有一种极不寻常的习性，它们常把捕到的猎物插到尖的枝刺、树杈尖等处。许多鸟类学家认为这是伯劳贮藏食物的一种本能行为。其实，这并不是伯劳在贮备食物，而是它们吃东西的一种方式。伯劳的嘴、爪虽然很强健，但终究不能与鹰、鹫相比，不能轻松地把猎物撕碎。当伯劳捕到猎物时，尤其是那些个体较大的鼠、鸟等动物，往往还没有死，伯劳要先在枝干上把它摔打死后，再插到各种尖刺上，用嘴撕食，等吃掉动物内脏等柔软的部分后，就舍弃掉，再去捕食，于是就留下了许多小动物的残体。

伯劳是一种小型雀类，在进化过程中，变得适应于捕食生活，所以才具备了猛禽的钩嘴利爪。

喜　鹊

喜鹊如同燕子一样也是人们的近邻，它身上的羽衣黑白分明。闪闪发光，飞翔时飘逸婀娜。《禽记》中说它“仰鸣则阳，俯鸣则雨，人闻其声则喜”，所以人们就称它为喜鹊。记得小时候，每值农历七月七日，村子里的小伙伴们常常躲到葡萄架下偷听牛郎织女说悄悄话。传说很久以前天上有位美丽善良的仙女，来到凡间与放牛郎结为了恩爱夫妻，可恶多事的王母娘娘一定要把他们分开，在他们两个之间划出了一道银河，每年只许他们见一次面。七月七日这天就会有成千上万只喜鹊飞到天上，翅膀连着翅膀，在银河之上架起一座鹊桥，让相思的恩爱夫妻互诉衷肠。

其实喜鹊并不能报喜，更不能架“鹊桥”。动人的传说使人们把它当成了吉祥喜庆的象征，所以，当喜鹊在人家附近的大树上造巢时，人们并

喜 鹊

不去毁坏它。

喜鹊喜欢把巢建在很高的大树上。雄鸟先选择一个适于造巢的地点，然后就站在枝头高声鸣叫，长长的尾巴一翘一翘地向雌鸟炫耀。如果有雌鸟飞来，符合他的选择，它们就会结成一对，形影不离地一起活动一段时间后才开始造巢。巢的外形看起来十分粗糙、简陋，但每一根树枝都是精心搭架上去的。它们先衔来湿泥垫在树杈上，再把树枝粘架上去，然后边垒架树枝，边粘加湿泥，就像建筑工人盖房子一样，这样垒起的巢很牢固，不易被风吹落。别看鹊巢外壁粗糙，里面却有很光滑的泥碗，泥碗的泥也是喜鹊一口一口衔来的，泥里还掺杂了干草，厚厚地垒在里边，它也像燕子那样用胸腹把泥碗的内壁辗实压光滑。泥碗干了以后，里面还要垫一些松软的兽毛、草叶等材料，到了这一步，还没有完，巢的上边还要加一个“屋顶”。“屋顶”也是由树枝搭成的。树枝搭得很巧妙，即使下大雨也不会淋湿里面的泥碗。在巢的一侧留有两个入口作为出入的门户，就是这样的入口也不是简简单单随随便便留出来的。在古时候，人们就注意到鹊巢的入口总是开在背风的一面。《淮南子》中就有这样的记载：“鹊巢知风之所起也”，说的就是这一点。入口处还往往用棘刺围起来，以防不速之客侵袭鸟巢。

结构如此完美的巢终于造好了，雌鸟要在里边产下 4 ~ 8 枚卵，卵是蓝绿色或土绿色的，点缀着黄褐色和紫褐色的斑点，雌鸟承担了大部分孵化的任务。17 ~ 18 天以后，赤裸裸的小喜鹊来到了世上，从此，雄鸟也一起跟着忙碌起来，它们轮流看护雏鸟和找食，直到小喜鹊能完全独立地生活，再去延续各种美好的传说。

吉祥的白鹳

白鹳是一种罕见的珍贵涉禽，尽管在我国的新疆西部和东北三省有白鹳的繁殖地，但人们仍然很少有机会见到它们。你也许不会相信如此稀有罕见的珍禽也能与人为邻。白鹳不像它们的近亲黑鹳那样怯懦怕人，在欧洲的一些乡村里，白鹳常把巢建在屋顶或烟囱上。当地的人们也对它们十分友好，像中国人看待喜鹊那样把它当成吉祥的象征。他们专门在屋顶修造特殊的巢架，并准备大量的树枝，时刻欢迎白鹳的到来。

白 鹳

白鹳每年都要返回到它们曾经热恋过的地方，这是它们世代相传的习惯，它们已经能够适应在人居住的地方生活，雄鹳总是要比雌鹳先到达，为的是能够找到一个旧巢，这对它非常有利，未来的情人会很在意雄鹳是否找到了适合的旧巢。修葺旧巢可以省下许多宝贵的时间，将来小宝宝就能在秋季到来之前长得更强壮一些。

对那些晚到一步的雄鹳来说，最明智的还是先找到一个合适的造巢地点。

几天以后雌鹳终于到达了，现在它们都已经整装一新，迎接新的一个繁殖季的到来。白鹳的体羽大部分是纯白色的，只有肩部和飞羽有闪光的黑羽。在飞翔时，翅膀上的飞羽散开，上下交错，姿态十分优美。和其他鹭、鹤等涉禽一样，它们都有典型的“三长”：长腿、长嘴、长脖子。它们振翅缓慢，但飞行得十分轻快，头、颈、腿向前后伸展，很容易和苍鹭、白鹭等相区别。这些鸟在飞行时总是把长脖子缩成S形，白鹳在休息时才把脖子缩成S形，而且常常是一只脚支撑身体，栖止在树上，这又与鹤大不相同。

雌鹳的到来，使这里的“居民”沸腾起来，互相倾慕的雌雄配偶之间为了表达爱情和对对方的欢迎，常常把上下喙壳当响板来敲打。这样的演奏在半公里以外的地方都可以听到。演奏的同时还要把头向后弯仰到背中部，将后颈挺成弓状，再突然向前伸直，并竖起扇子一样的尾巴，半展双翅，互相鞠躬致意，翩跹起舞。

成对的白鹳很快就会开始筑巢。修整一个旧巢比较容易，它们衔来树枝、蒿杆等搭架起来，并且衔来湿泥，粘住枝条，以起到加固的作用，三四天后就可以修葺一新。但那些初次繁殖的白鹳，大多都找不到可以沿用的旧巢，有时这样的一对白鹳也会去侵略其他家庭，试图把别人的家据为己有。但一般的情况总是侵略者被赶走。为了繁殖，它们只好垒起一座新的巢，这当然要耗费很多时间。

垒好的巢十分庞大，直径和高都在1米以上，这样的庞然大物却很受许多欧洲居民的欢迎。屋顶或烟囱上建有这样的大巢，正表明这是友好善良的人家。在中国的东北和西北，白鹳还不习惯与人太亲近，它们常常将巢建在大树的顶上，但无论建在哪里，这样的大巢都十分引人注目。许多小型雀类也会跑来与白鹳为邻，它们把家安在鹳巢下面的缝隙里，白鹳似乎并不在意，它们互不影响，快乐地生活。

“巧鞋匠”攀雀

喜欢与人为邻的鸟并不很多，许多种鸟都远居山林，把巢建在安全隐蔽的地方，以防天敌的侵害。有些鸟善于隐蔽伪装，它们的巢非常难于发现，比如各种柳莺。有些鸟并不力求隐蔽，它们只把巢建在难以触及的地方，有的甚至建起空中楼阁，比如攀雀。

攀雀看上去像是缩小了的麻雀，样子并不十分引人注目，它与山雀虽是近亲，却没有十分亲近的关系。攀雀是耐不住寂寞的鸟，它们常常集成几十只的一群，在水边的苇丛，柳、桦、杨等阔叶林中活动，喜欢倒挂在树枝上翻来翻去，很有点儿像体操运动员。

攀雀的拿手好戏并不是表演“体操”，而是做“鞋”。在东欧的一些乡村里，攀雀制出来的工艺精美的“鞋”，十分受孩子们欢迎；东非的一些地方，这种“鞋”又成了耐用的手提包。你也许会感到奇怪，攀雀为什么要做“鞋”呢？其实，它并不需要穿鞋，孩子用来当“鞋”穿的竟然是它的巢。

攀 雀

攀雀在欧洲、亚洲和非洲的许多地方都有繁殖记录。每当春季来临，雄鸟就开始忙碌着造巢了。它嘴里衔着长而坚韧的纤维围绕着悬空的枝尖飞舞，纤维就像绕到线轴上的线一样绕到了枝条上，接着再用同样的办法缠绕几条纤维，把它们扎牢在一起。攀雀把纤维穿过纤维缠绕出的网眼，交错地编织，编成几条上边细下边粗的“绳索”，再把绳索的下端编织起来，就成了一个篮子的样子。如果单单是个“篮子”，还称不上是精美的“鞋”，攀雀还要在“篮子”的网眼里扎结兽毛、柳絮、杨花等松软的短绒，这样扎结出的巢壁质地很像毛毯，厚实而耐用。最后在“篮子”的一侧造堵墙，另一侧留出一个洞口，巢就算是基本造好了。这样编成的网络重叠的新颖建筑物常常悬挂在河心上空的细柳梢上，能在空中随风摆动，在树冠上觅食的食肉动物难以接近攀雀的住宅。

雄攀雀建好了住宅，但并不作细致的装修，余下的任务由“新娘”来完成了。雄攀雀现在要做的，正是要找到这样一位“新娘”。“新娘”进门以后，要在巢里铺上一些细软的植物纤维，把“新房”装饰一新，并准备产卵，一般要产下5~8枚卵，雌鸟才开始孵。孵卵以及以后的育雏活动，都要由雌鸟独自承担，此时的雄鸟已不再留恋千辛万苦才营造起来的家园，它又开始建设新的住宅，追求其他“恋人”去了。

活的“昆虫网”——夜鹰

许多种食虫鸟类都是栖落在树枝间或地面上觅食昆虫的，比如各种山雀、各种柳莺、啄木鸟、鹏等，而有一些鸟类如燕子、雨燕、夜鹰等习惯在空中捕食昆虫。燕子、雨燕它们终日在空中飞舞，忙于捕虫，动作轻盈而敏捷，所以人们有“轻如飞燕”的说法。而提起夜鹰，就有一些神秘色彩了，因为它不像大多数鸟类那样白天活动，而总是在黄昏到来之际飞上天空。

夜鹰并不是夜间活动的鹰，它与鹰并没有什么亲缘关系，与歌喉婉转的“夜莺”也更是风马牛不相及。夜鹰的叫声非常奇特，黄昏过后的山林中常可以听到“啾啾啾……”一连串急促的叫声，听起来好像是在打机关枪，这就是夜鹰在一展歌喉了。

夜鹰

夜鹰非常适于夜间生活，视力和听觉都非常好，有时夜间蹲在路上，一双大眼睛闪闪发亮，很容易引起行人的注意。正是这双大眼，使它可以清楚地看到夜间飞舞的昆虫。它浑身的羽毛又松又软，飞行起来无声无息，双翅缓慢地鼓动，不时地回转盘旋，好像漂浮在夜空中一样，难怪北方有些地方把它叫作“鬼鸟”。有时，夜鹰为了追捕昆虫，还会突然曲曲折折地环绕着飞行，样子并不比轻盈的飞燕逊色。

夜鹰的嘴张开后特别大，而且很宽阔。飞翔时嘴巴大大地张开，像是凌空挥舞的昆虫网，捕捉飞行中的昆虫。它宽大的嘴角边缘还长有长长的硬须，这更增大了“昆虫网”的拦截面积。夜鹰的巨嘴非常适于捕食夜间活动的大型蛾类，有时黄昏归巢的小型柳莺也会晕头晕脑地撞入“网”中。其次就是各种各样的甲虫。蚊一类的小昆虫也能给夜鹰打打牙祭，有人就曾在一只夜鹰的胃中剖捡出500多只蚊子。很早以前，一些欧洲人还不能理解夜鹰大嘴的功能，他们常发现夜鹰在夜间出没于羊圈中，于是大嘴、羊圈、羊奶就被联系起来，认为夜鹰是趁夜间偷吮羊奶，所以把它称作“吮羊奶鸟”。其实不过是羊圈的气味招引蚊虫，又引来夜鹰而已。

夜鹰晚上频繁出没，白天却极少活动，时常一动不动地趴在树干的水平枝上，身体紧贴在树干上。由于它的羽色以棕灰褐色为主，杂有密集的黑纹，远远看去像一块树皮，所以老乡们就叫它“贴树皮”。夜鹰也常一动不动地趴在地面的枯枝落叶间，即使是近在咫尺，也让人难以看出。所以常有些夜鹰无端地被踩死在地上。

猛禽之王——金雕

提起猛禽人们就会想起那凶残的目光、钩曲的嘴和锐利的爪，它们高傲勇猛，堪称鸟中之王，而金雕正是这王中之王。

金 雕

金雕并不是最大的猛禽，但它毫无疑问是一种最大、最凶猛的雕。它体长接近1米，双翅展开有2米多，体重可达4~5公斤。金雕身披黑褐色宽大的羽片，看上去有些不修边幅，但却给人一种历尽沧桑的感觉，头部和颈上长有披针如剑似的羽毛，呈金棕色，在阳光的照耀下，反射出金色的光泽，这才显出王者风范，“金雕”的美称也由此而来。

与其他猛禽一样，金雕依靠翅、眼、爪的密切配合来猎取食物，它展开宽大有力的翅膀在空中翱翔，那双流露着凶猛之光的眼睛时刻注视着地面上的动静，它的眼睛有着极好的调节能力，在四五百米的高空也能见到地面上鼠、兔的活动。

金雕在高空中发现了野兔，就收起双翅，向着目标直冲下来，野兔也已经察觉到危险即将来临，朝着一丛灌木飞奔过去，但来不及了，金雕的利爪已经抓了下来，就在这一刹那，野兔突然掉转身体向后逃走，看似巨大的金雕却不笨拙，并没有因此跌到地面上，它振起双翅，迅速地转过身来，又一次向野兔扑去，野兔这下来不及转弯了，金雕的利爪立即穿透了它的身体，获胜的金雕得意地抓着猎物飞走了。

在海拔2600~4000米的高原地带，这种惊心动魄的场面时常可以见到。野兔对于金雕这样的空中虎兕来说，毕竟太弱小了。个体比野兔大得多的山羊、狍、狐狸，甚至凶残的狼也在金雕的捕食范围内，而且金雕捕食的成功率非常高，在对它捕食行为的117次观察中，金雕有97次成功地捕到了猎物。所以，只要是被它瞄准了的动物，就难以逃脱厄运。

在繁殖季节，金雕的采食地与建巢的地点相距较远，少则几十公里，多则上百公里。金雕必须把捕到的猎物带回巢中，喂给还不能独立生活的雏鸟。它抓起一只野兔似乎毫不费力，可以一次就带回巢中，对于山羊、狼等这样大型的猎物就只能肢解开来，分批带回。

起初，金雕父母把猎物撕碎喂给小金雕，等小金雕渐大以后，就让它自己撕咬食物，锻炼它的钩嘴和尖爪，磨炼它的杀性。小金雕生活的自理能力很差，需要5个月的时间，才能练就独自捕食的本领，去享受大自然赋予的威严与残酷。

编结能手织布鸟

正像许多心灵手巧的人不一定长得漂亮，织布鸟看上去平平常常，既没有鲜艳的羽饰，也没有潇洒的风度，说起来它们还是麻雀的亲戚，麻雀以常居人之左右、与人一道繁衍生息、兴旺发达而为人所知。织布鸟则以巧妙的编结技术闻名于世。全世界共有70种左右的织布鸟，大部分栖息在非洲和南亚。我国云南省西双版纳生活着黄胸织布鸟，这是织布鸟在我国繁殖的唯一代表。

织布鸟也和攀雀一样，喜欢把住宅吊在空中，用来造巢的材料很严格，必须是柔软而结实的植物纤维才行。而织布鸟却有裁剪丝绒的才能，它先用嘴啄住禾草或棕榈树叶的边缘，然后猛地飞起，就会撕下一条纤维，过去常传说织布鸟在织巢时，雌鸟卧在巢里，雄鸟在外，来回穿递纤线，就像在织布一样穿梭，所以把它们称作“织布鸟”。后来科学家们做了大量的观察，发现雌雄一起“织布”造巢只能是一个美好的传说，在织布鸟中真正的织布工人都是“男性”，营巢工作主要由雄性织布鸟承担。筑巢的过程与攀雀十分相似，也是先编成几条绳索，再把它们合起来，但雄织布鸟更善于打结，在不同情况下它会打出不同种的结，所以确切地说织布鸟不是在“织布”。而是在“编结”。最终造好的巢，像一个圆底烧瓶，下端的膨大部分为巢室，底部的一侧留作入口，可以通到巢室。在巢室中常发现有泥球，可以增加巢的重量，使巢稳稳地挂在枝头，而不会被风吹翻。有的织布鸟还会在巢的入口处修上一条长达30多厘米的通道向下垂着，蛇等动物很难进入。亲鸟进巢也只能由下向上飞，不能在巢口处停留。

织布鸟

雄鸟造好巢后，也会急着请进一位“新娘”，为了引起雌鸟的注意，雄鸟常会倒挂在巢底，做出各种炫耀动作，并会引颈高歌，但它的歌与它精美的编织品很不相衬，“吱吱”作声。并无其他音调，远不是位好歌星，或者只能算作某种“摇滚歌手”。雌鸟们却并不讨厌这样的唱法，它们很能明白雄鸟的心意。它们只对雄鸟的作品很挑剔，许多年长富有经验的雄鸟在这方面占有很大优势。精致的小屋一旦入选，雌鸟就会接着完成巢的内部装修工程。一些年轻的雄鸟显然技术还不过关，雌鸟对它们编结的巢不感兴趣，即使雄鸟大喊小叫也无济于事。假如过了一周，还没有雌鸟愿意以身相许，雄鸟就会亲自拆毁它苦心编织起来的“梦想”，然后再接再厉，重新编织一个巢，终究会有一天，它们也能博得雌鸟的青睐。

织布鸟的巢可以说是鸟巢中最显露不蔽的，而且常常十几个，乃至上百个巢都建在同一棵树上。正是因为它们难以触及，才如此安全。

有少数生活在热带雨林中的织布鸟，以昆虫为食，彼此必须保持一定的距离，才能有足够的食物可吃，所以它不把巢建在一起。生活在开阔地方的织布鸟，主要取食谷物、稻子、草籽等。它们喜欢集群活动，鸟多了就比较容易发现成片的庄稼或其他喜食植物，发现天敌的条件也增加了。因此，这些织布鸟，常常把巢建在一起。在非洲大草原上生活着一种群居织布鸟。20～30对鸟把巢建在一起，形成一个巨大的“公共建筑物”，下侧有许多入口，在这幢建筑物中，每一对鸟过着规范的一夫一妻的生活，它们有自己单独的巢室，就像青年教师公寓里的情况。“公寓”每年都在扩大，直径可以达到5米。有时，危险会突如其来，树干支撑不住如此庞大的建筑，大厦倒塌了。辛苦经营了几代的织布鸟，又得开始新的奋斗。

美人鱼之谜

从古至今，几千年来，美人鱼一直深受人们的喜爱和赞美。许多古老的民族和国家都曾有过许许多多关于美人鱼的神话和传说。

美人鱼

俄国伟大的诗人普希金写的长诗《渔夫和金鱼的故事》，是一篇人格化写鱼的名著。丹麦著名童话作家安徒生的《海的女儿》，描写了美人鱼的美丽、善良、勇于自我牺牲的精神和高尚的情操，为了追求爱情，她不惜忍受巨大伤痛，甚至牺牲了自己的一切幸福和生命。

格林的童话《渔夫和他的妻子》，写的也是美人鱼的故事，描绘了美人鱼守信和知恩图报的美德。我国古典戏剧《追鱼》和舞剧《鱼美人》，也都歌颂了美人鱼的善良、美丽和对爱情的纯真。总之，在许多民族和国家历代的文艺作品中，美人鱼一直是真善美的化身。

丹麦首都哥本哈根的朗宁海滨公园里，建造了一座美人鱼铜像，这是丹麦艺术家爱德华德·艾里克森根据安徒生的童话《海的女儿》雕铸成的，她披着一头美丽的长发，有着一双深情的眸子，无论晴天、雨天或夜晚，总是凝视着波涛滚滚的大海，沉思遐想，她的脸上似乎略带羞怯，眉宇之间似乎稍有忧郁，仿佛是在焦急地等待着她心爱的王子远航归来。

美人鱼的形象是丹麦国家的标志，来到丹麦的游客，总要买点有关美人鱼方面的纪念品带回去。在波兰首都华沙的维斯瓦河畔，有一座世界闻名的美人鱼雕像，那是一座高约2.5米的铜像纪念碑，美人鱼的上身半裸，五官端庄而清秀，肌肉丰满，下身的双腿分开，大腿边沿雕成鱼的鳞翅，腿的终端合成鱼尾，尾部上翘有力，它左手拿着盾牌，右手高举宝剑，双目注视着远方，姿势自然，造型结实而庄严，突出了美人鱼在文雅中的英武气概和美丽中蕴藏的坚贞毅力。

神话传说中的美人鱼，究竟是一种什么样的动物呢？这曾经是历史上的一个大大的谜，引起了历代人们的极大兴趣和探求。经过历代许多科学家的长期调查和考证，才逐渐揭开这个谜，原来它是一种生活在海洋中的高等哺乳动物——海牛目的儒艮。

儒艮分布在中国、日本、东南亚以及印度洋沿岸国家的海洋里，它的身躯呈纺锤形，长约三四米，重约400公斤，体色灰白，遍身皮肤上稀稀拉拉地长着一些硬毛，脑袋光秃秃的，嘴巴朝下开，上嘴唇很厚。

它的性情温和，从不伤人，不吃鱼虾贝类，专门吃海藻、海草之类的海洋植物。吃饱以后，就在岩礁旁似睡非睡地休息。雌儒艮有两个大乳房，长在胸鳍的下方，哺乳期乳房胀大，母儒艮喂乳时，有时侧卧在水面上，身子向外转，这样好让小儒艮吸住它的乳头。

这时，那分叉很深的叉形尾鳍或可露出水面，或可接近水面，两片长大的胸鳍搂住儒艮——那形态，远远望去好像妇女在给小孩哺乳的样子，不明真相的人，往往误认它为“美人鱼”。

20世纪50、60年代初，每当春季，在舟山群岛的海面上，有时看到一种形象似人的鱼，抱着一个光头的“胖小孩”，出没于海洋之中，那就是有名的“舟山人鱼”。它的头圆圆的，有个不很明显的颈项，嘴和眼睛都很小，鼻孔生在头的两侧，身体也圆圆的。

雌的人鱼胸部有一对凸起的乳房，到了春天，常常抱着“小人鱼”露出海面，它的叫声似婴儿啼哭，远远看去，好像一个母亲抱着婴儿傲然挺立于海洋上。

据1981年1月29日出版的英国《自然》杂志发表的文章报道：加拿大两位科学家——莱恩博士和施罗德博士，用电子计算机对与美人鱼的出现有着制约关系的空气温度、海水温度，从海面到目击者眼睛的高度，以及目击者与被目击物的距离进行了试验。

试验的结果揭开了古人看到美人鱼之谜：这是由于光线受到一种特殊的海洋气候的影响，人们远远看到的模糊不清的所谓“美人鱼”只不过是海象或鲸鱼等露出海面身体部分的光学变形。

这两位博士解释说：当风暴来临时，海洋上空的冷空气层受到外来的热空气袭击，然后冷空气与热空气混合成一体，形成一个温度不断变化的新空气层。这个新形成的空气层如同使物体变相的透镜，使通过它的光线屈曲。因而，透过这种新空气层看东西，将会看到一个物体的光学变形。

例如，在符合这两位博士所确定的标准天气里（即新形成的空气层里），他俩在温尼伯河上拍下了一张远远看去形似“美人鱼”的照片，跑到近处一看，其实所谓“美人鱼”原来是一块大石头，这是由于光学变形所形成的。

候鸟渡海之谜

候鸟渡海曾引起四方学者的各种争议，就是到了今天仍是不得其解，但诸家之言也并非全无道理。

英国学者奥烈史有自然淘汰说。树的果实或昆虫到了冬天就会减少，故鸟儿为了寻找更丰富的食料而准备向南方转移。最初只是移至很近的地方，但是飞得愈远者获得的食物愈好。鸟自然领悟了此点，渐渐地延长了移动的距离。所以奥烈史认为鸟类是为了寻求食物才迁移的。

另有学者把“渡海”的起源与冰河时代结合在一起说明。按照他们的说法，过去地球有3~4次被大冰河掩盖的时期，此时鸟也随着冰河的成长期及减衰期向南北移动，从而慢慢地养成了渡海的习惯。

还有一种学说与鸟的所谓“趋光性”有关，认为鸟喜欢去光线最多的地方，所以在太阳因四季变动而在赤道的南北移动时，鸟也自然跟随。最近洛安通过调查研究得出如下结论：在渡海期之前，鸟因阳光照射时间延长，而在体内积储脂肪，并且因为性荷尔蒙的作用强烈而无法稳定下来，所以鸟儿只能渡海移至别处。

候 鸟

除此之外，候鸟又是依赖什么而能正确地飞往远方目的地的呢？

德国教授克黎玛利用叫作“向星鸟”的鸟做实验后，确认了候鸟决定渡海方向的事实，并于1950年发表了这个学说。由此证实了鸟具有与太阳时间、方位有关的感觉，这种感觉被称为“体内时间”。

至于鸟在晚上渡海一事，德国的科学家凭借天象仪通过实验证实鸟可凭借星空判定方向，但是在阴天或没有星星的晚上候鸟该怎么办呢？

瑞士的莎达博士利用雷达进行实验，他在渡海的季节，把雷达指向候鸟渡海路线上经常经过的地点。结果表明，在晴天时候鸟的踪迹总是会通过雷达的涵盖区域，但在云变厚之后这种现象便不再出现，说明了在完全阴天时鸟会迷失方向。

孰是孰非，候鸟专家们仍然在研究，进行马不停蹄地探索与追寻。渡海之谜，有待揭晓。

最短命的昆虫

最短命的昆虫非蜉蝣莫属，它的成虫往往活不到一天，一般只有几个小时就走到了生命的尽头。蜉蝣成虫寿命很短，但幼虫寿命却很长。

蜉蝣成虫经过交配，把卵产在水中。幼虫要变成亚成虫，必须先在水中生活1～3年，爬出水面蜕过皮后才变为蜉蝣成虫。如果把它在水中生活的时间算在一起，寿命还是不短的。

蜉蝣早在3亿多年以前就已经出现，是比较古老的昆虫。世界上的蜉蝣有2000种左右，分布极其广泛。它身体软弱细长；头小，复眼大；两对翅膜脆弱，极易脱落，足细弱，只用于停息时攀附，不用于行走。

蜉　蝣

蜉蝣的稚（幼）虫一般在日落后羽化为亚成虫，这时的虫体与成虫相似，但由于全身被半透明薄膜覆盖，使它显得有些发黯，翅膀暗淡，不活泼，也不能交配。只有经过最后一次蜕皮，它才成为翅膀透明、色彩较鲜的成虫，这种现象在昆虫中是绝无仅有的。

在成虫阶段，它不吃不喝，主要任务是交配产卵，产卵后就死去。有时大批蜉蝣产卵后死在湖边，以致道路滑得连车辆都无法通行。蜉蝣卵在水中孵化后，一般蜕皮20~24次，多的达40次。蜉蝣的稚虫是鱼类的美餐。

蜉蝣的成虫短命的原因在于，它的嘴已经退化，不能再吃任何东西。

最大的鸟

鸵鸟又称非洲鸵鸟，是目前世界上最大的鸟。由于它体高身长，善于奔跑，能够适应在沙漠荒原中生活。其中最大的雄性鸵鸟身高2.75米，身长2米左右，体重约160千克。雄雌鸵鸟的翅羽和尾羽都是白色的，体羽毛色多样。头部羽毛稀少，颈部几乎光秃，相貌难看极了。然而，鸵鸟也并不是一无是处。它头颈很长，目光锐利，看得准，望得远，这使它不仅能及时预防天敌的偷袭，

鸵　鸟

而且还能迅速寻找食物。

鸵鸟的两腿长而有力，行走迅速。尽管两翼已经退化，而且躯体肥大，不能飞翔，但它有相当发达的副羽，奔跑时靠鼓翅扇动相助，一步可达 8 米，在一刻钟或半小时内能毫不费力地增速到 50 千米/小时，最快可达到 70 千米/小时，奔跑得比快马还要快。

最小的鸟

世界上最小的鸟类是蜂鸟，它主要分布在南美洲和中美洲的森林地带，和蜜蜂差不多大小，体长不过 5 厘米，体重仅 2 克左右。由于它飞行采蜜时能像蜜蜂一样发出嗡嗡的声响，所以被称为蜂鸟。

蜂 鸟

蜂鸟种类多达 300 种，羽毛非常鲜艳，呈黑、绿、黄等十几种颜色，所以有“神鸟”“彗星”“森林女神”和“花冠”之称。

蜂鸟身体娇小，羽毛华丽，飞行本领高超。它的翅膀每秒钟能振动 50 ~70 次，飞行时速可达 50 千米，高度有四五千米。

人们常常能听到它飞行的声音，却看不清它的身影。不可思议的是，蜂鸟心跳每分钟达 615 次。

蜂鸟不仅飞行速度快而且还能飞得很远。有一种红胸蜂鸟，每年两次飞渡墨西哥海湾，飞行 800 多千米也不间断。

鹦鹉的神奇功能

一提起鹦鹉，人们便会想起“学舌”二字。但颇受委屈的鹦鹉，却并未因此而怨声载道，相反，它正在用行动表明自己对人类的其他价值与贡献。

美国鸟类学家伯鲁克指出，鹦鹉的视觉其实比犬更为敏锐，因而它们可以替代犬为盲人引路。经过训练的鹦鹉停在盲人的肩膀上，能使盲人顺利地在马路上行走。

此外，鹦鹉的寿命较长，盲人往往终生只需养一只就足够，更何况长期与它为伴，生活会精彩不少。

美国生物学家伊佩尔贝格驯养的一只来自非洲的灰鹦鹉能以哼不同曲子的方式预报天气。

鹦　鹉

比如当它哼施特劳斯的作品时，必定是风雨欲来；当哼起“桑巴”，暴雨即将来临；当它反复哼雄壮的进行曲时，当地人就要预防飓风的袭击。这种特异功能真叫人咋舌。

在古巴有一位已经退休的老船长，家里也养了一只能唱许多曲子的鹦鹉，它也能将天气的变化用固定曲调唱出来。这只鹦鹉充当天气预报员长达50年之久，从来没有失误过。

足球比赛中常常会发生很多暴力事件，为缓和这种对抗激烈的过于紧张的气氛，美国足球裁判卡罗斯邀请出鹦鹉充当裁判。他训练了一只取名“和平”的鹦鹉做自己的“助理”，每次卡罗斯上场执法时，它总是一起进场。

当卡罗斯判某队员犯规时，随着他的一个手势，鹦鹉就飞过去在犯规者头上轻轻啄一下，并高声喊：“你犯规啦！”顿时，场上笑声一片，犯规者也会面带微笑地向鹦鹉裁判点点头，表示服判。

据卡罗斯介绍：“有好多次，由于这只‘和平’引发的笑声，赛场上一触即发的形势，最后都能化干戈为玉帛。”由于“和平”的特殊贡献，球迷们都尊称它为足球场上的“和平天使”。

多嘴的鹦鹉为何会如此善解人意，好生令人奇怪。许多科学家都对此做过很长时间的研究，但迄今为止，仍然无人能够破解鹦鹉的特异功能之谜。

“火箭”乌贼

在印度的南部有一片盛产乌贼的水域，那就是被称为世界四大洋之一的印度洋。

在一个漆黑的夜晚，一艘从印度返航的希腊船只静静地停泊在这片宁静的海面上。除了值班的船员，其他的人都已渐渐进入了梦乡。

值班的船员在船头上踱来踱去，突然发现远方一些忽明忽暗的东西向轮船靠近。而且越聚越多，只见黑糊糊的一片，不知是何方怪物。

值班的是一个年轻的小伙子，看到情况紧急，就赶紧叫醒熟睡的船长。船长赶忙穿上衣服来到船面上。冷不防一串闪着白光的火箭朝他射来。船长赶紧躲开，火箭就落在甲板上。船长以为遇上海盗了，可是不由他想，火箭更加密集地射了过来，并且掉在甲板上，越积越多，终于小船受不了如此的重负，开始慢慢下沉。

船员们纷纷寻找逃生的方法，但是火箭越射越多，很快就把小船给压沉了。

落水的船员纷纷游泳逃命，可是只感到水底下有千万只手抓住自己，一下都不能动，然后水底下冒出几个巨大的怪物几口就把船员给吞下了肚。

有一名船员幸运地逃掉性命，被一艘路过的船只救了上来。事后他告诉人们所发生的一切。

等他跳到海里的时候才发现那些闪闪发光的火箭原来是一些枪乌贼。他告诉记者说他的同伴落水后，一条条小乌贼把他们缠住，然后几张黑糊糊的大口从水下冒了出来，嘴的旁边，长了无数条粗大的爪子，把自己的同伴一下子卷了进去。他一看吓坏了，使劲挣脱掉纠缠的枪乌贼拼命地向前游去，终于逃出了魔爪。

船员所说的一切让人们感到不可思议。枪乌贼是如何发光的呢？许多科学家开始对枪乌贼进行调查。

原来当枪乌贼受到很大的刺激时，便会拼命地到处乱跑，当跑到一定高度时，由于水面和水里的压力不一，所以水面的高气压就会将乌贼体内的水压出体外。当压力达到足够大时，便可在海浪上一擦而过，闪着耀眼的光芒。前述的“火箭”，原来就是枪乌贼喷出的“水柱”。

事故发生的那天晚上，由于轮船的干扰过大，惊动了枪乌贼，便出现上述的情况。

至于吞掉船员的怪物，当地群众说是年龄很大的乌贼。它们具有很可怕的力量，能够活生生地吞掉整个人，类似的情况以前也发现过。

旅鼠投海自杀之谜

旅鼠在北欧斯堪的纳维亚半岛的挪威和瑞典一带生活。它们属于小型哺乳动物，最大的身长也不过 15 厘米。它们平时居住在高山深处，以树根、草茎、苔藓为主食。在遇到食物极度缺乏的灾年里，它们就会几十万甚至几百万地大规模地迁移。可人们迷惑的是，是什么原因使它们偏偏要拼命地奔向大海，走向死亡呢？

据史料记载，早在 1868 年这种奇怪现象就已被注意到了。那是一个阳光灿烂、晴空万里的春季的一天，一艘满载旅客的轮船正航行在碧波荡漾的海面上。突然，船上的人们发现一大片东西在远离挪威海岸线的大海中蠕动，后来知道这是一大批在海中游泳的旅鼠。它们从海岩边一群接一群地向大海深处游去，那些游在前面的旅鼠精疲力竭时，便溺死在大海里。但令人不解的是，跟随其后的旅鼠却仍奋不顾身、继续前进，直到溺死为止。数以万计的旅鼠就这样溺死了，海面上漂浮着大片大片黑色的尸体。

旅　鼠

1985 年春季，一群旅鼠成群结队，浩浩荡荡地向挪威山区挺进，庄稼在其所到之处被吃得一塌糊涂，草木也被洗劫一空，它们甚至还把牲畜也咬伤了。一时间，成灾的旅鼠使当地蒙受了极大的损失，人们日夜为此烦忧。但是，不知为什么，旅鼠大军在4月份的时候却突然每天前进50千米，直奔挪威西北海岸。一旦在行程中受到河流阻挡，那些走在前面的旅鼠便毫不犹豫地跳入水中，用身体为后来者架起一座“鼠桥”；一旦遇上了悬崖峭壁，自动抱成一团的旅鼠们就会形成一个个大肉球，勇敢地滚下去。一路下来，尽管伤亡惨重，但活着的仍会继续前行。就这样，它们遇水涉水，逢山过山，前仆后继，勇往直前，几乎沿着一条笔直的路线向大海挺进。来到海边后，它们纷纷跳下大海，毫无惧色并且奋力往前游去，直到所有的旅鼠都在水中溺死。

旅鼠要集体“自杀”的原因到底是什么呢？至今还没有一个解释能够让人信服。

有一种解释是“生存压力说”。根据这种说法，由于旅鼠的繁殖力过强，导致数量太多，无法得到充裕的食物和生存空间，所以它们必须另找生路。但是它们为什么非得自杀呢？而且为何只有在北欧生活的旅鼠，才会有这样的举动？一些生物学家因此又进一步解释说，几万年前的挪威海和北海比现在要窄一些，因此旅鼠很容易便能游过大海，从此旅鼠迁徙的习性就作为一种本能遗传下来。可是如今的挪威海和北海比过去宽得多，而旅鼠仍在起作用的遗传本能下照样迁移，淹死在海中便也不足为怪了。可这也不是一种令人信服的解释，原因在于旅鼠一般以北寒带所有的植物为食，按理说，即使它的数目达到每公顷250只的密度，也不会有“吃饭”问题。再说在迁移过程中，旅鼠通常也会遇到食物丰富、地域宽广的地带，但是这并不能使它们停住不前。所以认为旅鼠集体自杀是因为缺少足够的食物和生存空间才向外迁徙的说法不是很可信。

苏联科学家为了找出更合理的解释，对此又提出新的想法。他们认为，在1万年以前，地球正处在寒冷的冰期，北冰洋的洋面在这个时期形成一层厚厚的冰，由于风和飞鸟的原因，大量的沙土和植物的种子被带到冰面。所以，一到夏季，这里水草丰盛，旅鼠在此生存不成问题。但是后来气候变化，原有冰块不复存在，旅鼠之所以要向北方迁徙并且最后跳入巴伦支海，正是为了寻找当年居住的“乐土”。虽然这一解释听起来很有道理，但是也由于没有充足的证据证实而显得有些牵强。

还有观点认为，急剧增加的旅鼠的种群数量，使它们的神经变得高度紧张，社群生存压力也大为增加，旅鼠的肾上腺增大，因此变得急躁不安。与此同时，它们的运动欲望又非常强烈，所以便进行分散和迁移来运动。擅长游泳的旅鼠们妄图横渡江河湖泊甚至大海，可是最后还是因为体力不支而被淹死。

当然，这种说法也颇为牵强。一些科学家指出，旅鼠通常情况下不可能很快看见群体密度高的后果，这种影响要到下一代才会显现出来。早期时，一片葱郁的冰块完全适合旅鼠的生存，到了后来气候发生了变化，冰块消失了，它们为了寻找昔日的居住地集体向北迁徙，并且义无反顾地跳入巴伦支海。这个解释不乏一定的合理性，但也因证据不足而不能使人信服。

除此之外，还有些科学家以旅鼠的生命周期为研究对象，他们的发现表明，在数量急剧增加的时候旅鼠体内的化学过程和内分泌系统会发生变化。有人认为，这些变化可能正是生物体内的"开关"，它们以此来控制其种群数量。当其数量多到一定程度时，该种群大量的"集体自杀"现象就会出现。但旅鼠到底是"集体自杀"，还是因为在迁移过程中"误入歧途"坠海而死，这一直是生物界中人们尚未搞清的难题，科学家至今仍然有许多种不同的看法。

总而言之，科学家认为，应该把旅鼠自身生理上、行为上和遗传上的因素，加上外部环境条件的影响作为研究旅鼠自杀之谜的基本着眼点。但是旅鼠真的是"集体自杀"，还是在迁移过程中"不小心"坠海而死，至今仍是生物学界中解释不清的谜题。看来，人类要想最终破解这个谜，还需假以时日。